Johannes Partzsch
Analyse- und Entwurfsmethoden für
Verbindungsarchitekturen neuromorpher Systeme

AF890513

TUDpress

Johannes Partzsch

Analyse- und Entwurfsmethoden für Verbindungsarchitekturen neuromorpher Systeme

TUDpress
2014

Die vorliegende Arbeit wurde am 06. Januar 2014 an der Fakultät Elektrotechnik und Informationstechnik der Technischen Universität Dresden als Dissertation eingereicht und am 15. September 2014 verteidigt.

Vorsitzender der Promotionskommission:
Prof. Dr. phil. nat. habil. Ronald Tetzlaff

Gutachter:
Prof. Dr.-Ing. habil. Rene Schüffny
Prof. Dr. Jochen Braun

Bibliografische Information der Deutschen Nationalbibliothek
Die Deutsche Nationalbibliothek verzeichnet diese Publikation in der Deutschen Nationalbibliografie; detaillierte bibliografische Daten sind im Internet über http://dnb.d-nb.de abrufbar.

Bibliographic information published by the Deutsche Nationalbibliothek
The Deutsche Nationalbibliothek lists this publication in the Deutsche Nationalbibliografie; detailed bibliographic data are available in the Internet at http://dnb.d-nb.de.

ISBN 978-3-944331-79-9

© 2014 TUDpress
Verlag der Wissenschaften GmbH
Bergstr. 70 | D-01069 Dresden
Tel.: 0351/47 96 97 20 | Fax: 0351/47 96 08 19
http://www.tudpress.de

Alle Rechte vorbehalten. All rights reserved.
Gesetzt vom Autor.
Printed in Germany.

TECHNISCHE UNIVERSITÄT DRESDEN

Analyse- und Entwurfsmethoden für Verbindungsarchitekturen neuromorpher Systeme

Johannes Partzsch

von der Fakultät Elektrotechnik und Informationstechnik der

Technischen Universität Dresden

zur Erlangung des akademischen Grades eines

Doktoringenieurs

(Dr.-Ing.)

genehmigte Dissertation

Vorsitzender:	Prof. Dr. phil. nat. habil. Ronald Tetzlaff		
Gutachter:	Prof. Dr.-Ing. habil. Rene Schüffny	Tag der Einreichung:	06.01.2014
	Prof. Dr. Jochen Braun	Tag der Verteidigung:	15.09.2014

Kurzfassung

Das menschliche Gehirn ist trotz der Fortschritte der Digitaltechnik unübertroffen in seiner Leistungsfähigkeit und Effizienz bei der Verarbeitung von Informationen. Neuromorphe Hardware ermöglicht es, die hochparallelen und lernfähigen Verarbeitungsprozesse des Gehirns besser zu verstehen und für die Lösung technischer Probleme anzuwenden. Dabei spielt die Vernetzung der Elemente eine entscheidende Rolle. Bisherige Systementwürfe für neuromorphe Hardware orientierten sich dabei meist an technologischen Randbedingungen, ohne das Optimierungspotenzial neuronaler Verbindungsstrukturen zu analysieren oder auszunutzen. Die vorliegende Arbeit entwickelt Methoden zur Analyse und zum Entwurf neuromorpher Hardwarearchitekturen anhand vorgegebener Verbindungsmodelle. Sie konzentriert sich dabei auf zwei wesentliche Beschränkungen, die räumliche Verteilung der Verbindungen und die Konfigurierbarkeit für verschiedene Verbindungsstrukturen. Dazu entwickelt sie Beschreibungs- und Analysemethoden, die für Verbindungsmodelle und neuromorphe Hardwarearchitekturen gleichermaßen anwendbar sind. Die Ergebnisse der Analyse zeigen die Stärken und Defizite bestehender Hardwarearchitekturen. Darauf aufbauend entwickelt die Arbeit neuartige, flexibel anpassbare Hardwarearchitekturen und stellt eine systematische Herangehensweise für die Dimensionierung bereit, durch die sich die bestehenden Defizite umgehen lassen. Die so entworfenen Architekturen nutzen die Eigenschaften vorgegebener Vernetzungsmodelle gezielt für effizientere Implementierungen bezüglich der Anzahl der Elemente und der Siliziumfläche aus. Zwei aktuelle Hardware-Entwürfe verdeutlichen dies.

Abstract

Power and efficiency of information processing in the human brain are yet unmatched by digital systems. Neuromorphic hardware helps in understanding these highly parallel, adaptive processing capabilities and making them applicable to various technical problems. Information processing in the brain is crucially dependent on the connectivity structure between neural cells. However, neuromorphic hardware design has been mainly oriented on technological constraints, not taking advantage of the specific properties of neural connectivity and models thereof. This work presents methods for analysing and designing architectures for neuromorphic hardware given specific models of neural connectivity. It focuses on two important constraints, spatial distribution of connections and required configurability for different realizations of a connectivity structure. For those constraints, it develops forms of description and analysis methods that are equally suited for present connectivity models and hardware architectures. Analysis results show the specific strengths and weaknesses of state-of-the-art neuromorphic designs. Based on these findings, this work develops alternative hardware architectures that can be fitted to the properties of a connectivity model. At the same time, it provides a systematic approach for dimensioning these architecures, circumventing the shortcomings of present designs. As a result, the specific constraints of connectivity models are exploited to gain more efficient implementations in the number of elements and silicon area. This is shown in two recent neuromorphic hardware designs.

Danksagung

Mein Dank geht an alle Mitarbeiter der Professur für hochparallele VLSI-Systeme und Neuromikroelektronik für die konstruktive, aufgeschlossene Arbeitsathmosphäre. Besonders möchte ich Herrn Prof. Schüffny für die fachliche und persönliche Unterstützung bei meiner Arbeit an der Professur und bei der Erstellung dieser Dissertation danken. Mit Herrn Dr. Mayr verbindet mich eine enge wissenschaftliche Zusammenarbeit mit Diskussionen und gegenseitigen Anregungen, die meine fachliche Arbeit vorangebracht hat. Ihm danke ich auch für konstruktive Anmerkungen zur ersten Fassung dieser Dissertation. Herr Dr. Henker war bei vielen technischen und fachlichen Fragen ein geduldiger Ansprechpartner. Herr Dohndorf stand mir stets bei organisatorischen Fragen zur Seite. Ina Partzsch danke ich für das aufmerksame Korrekturlesen dieser Arbeit. Für die Übernahme des Zweitgutachtens möchte ich mich herzlich bei Herrn Prof. Braun bedanken.

Wesentliche Teile dieser Arbeit sind im Rahmen eines Promotionsstipendiums der Konrad-Adenauer-Stiftung entstanden. Für die finanzielle und ideelle Förderung möchte ich mich herzlich bedanken. Diese Arbeit wurde unterstützt durch die EU-Projekte FACETS (FP6, Projektnr. 15879), Coronet (FP7, Projektnr. 269459) und BrainScaleS (FP7, Projektnr. 269921).

Inhaltsverzeichnis

Abkürzungsverzeichnis

AER	Address-Event Representation, Protokoll zur Pulsübertragung
ASIC	Application-Specific Integrated Circuit
AMPA	α-Amino-3-Hydroxy-5-Methyl-4-Isoxazol-Propinsäure (engl. acid), Glutamat-Ersatzstoff bei Messung von Synapsen
BCM	Bienenstock-Cooper-Munroe, Modell für synaptisches Lernen
DA	Digital-Analog
DNC	Kommunikations-IC im FACETS/BrainScaleS Waferscale-System
FACETS	Fast Analogue Computing with Emergent Transient States, Forschungsprojekt der EU
FPGA	Field-Programmable Gate Array
FLANN	Final Learning Attractor Neural Network, Chipimplementierung aus [30]
GABA	γ-Aminobuttersäure (engl. acid), synaptischer Neurotransmitter
HH	Hodgkin-Huxley, Neuronenmodell
HICANN	High Input Count Analog Neural Network, Chipimplementierung im Rahmen des FACETS/BrainScaleS Waferscale-Systems
IC	Integrated Circuit
JTAG	Joint Test Action Group, Testschnittstelle
LCP	Local Correlation Plasticity, Modell für synaptisches Lernen
LIF	Leaky Integrate and Fire, Neuronenmodell
MAPLE	MultiscAle PLasticity Experiment, Chipimplementierung im Rahmen des Coronet-Projekts
MPSoC	Multi-Processor System on Chip
NMDA	N-Methyl-D-Aspartat, Glutamat-Ersatzstoff bei Messung von Synapsen
NN	Nächster-Nachbar, Art der Vernetzung
OTA	Operational Transconductance Amplifier, Transkonduktanzverstärker
PCB	Printed Circuit Board, Leiterplatte
PCS	Pulse Communication Subgroup, Kommunikationsbaugruppe des FACETS/BrainScaleS Waferscale-Systems
PSC	Post-Synaptic Current, postsynaptischer Strom
STDP	Spike-Timing-Dependent Plasticity, Lernregel aus Pulszeiten
STP	Short-Term Plasticity, Kurzzeitplastizität
WTA	Winner-Take-All, Mechanismus für Konkurrenz zwischen Neuronen

1 Einleitung

Trotz der Fortschritte in der Informationstechnik ist das Gehirn von Säugetieren aktuellen technischen Systemen in vielen Aufgaben deutlich überlegen. Scheinbar selbstverständliche Tätigkeiten, wie das Erkennen und Zuordnen von Objekten oder die Reaktion in Gefahrensituationen sind technisch bislang nur eingeschränkt oder nur mit hohem Aufwand realisierbar. Dabei erreichen heutige Rechensysteme die Komplexität von Säugetiergehirnen: Ein typischer Mehrkernprozessor umfasst ca. eine Milliarde Transistoren, was ungefähr der Anzahl an Nervenzellen im Gehirn einer Katze entspricht. Diese Nervenzellen arbeiten darüberhinaus um Größenordnungen langsamer als heutige Prozessoren. Wodurch erreicht das Gehirn dann seine Leistungsfähigkeit?

Ein wesentlicher Unterschied ergibt sich aus der Vernetzung der Elemente. Während digitale Gatter im Allgemeinen nur über wenige Eingänge verfügen, erhält eine typische Nervenzelle, auch Neuron genannt, Verbindungen von tausenden Anderen [31]. Dadurch ist es ihr möglich, Imformationen von vielen eingehenden Signalen zu berücksichtigen und massiv parallel zu verarbeiten. Nicht weniger wichtig ist, dass sich die Wirksamkeit von Verbindungen ebenso wie die Verarbeitungsfunktion von Neuronen durch eine Vielzahl an Adaptions- und Lernvorgängen selbständig an neue Aufgaben anpasst. Diese Eigenschaften machen Nervenzellstrukturen erst leistungsfähig. Sie erschweren aber sowohl das Verstehen ihrer Informationsverarbeitung als auch ihre technische Nachbildung.

Emulationen von Nervenzellstrukturen mit konventioneller Rechentechnik sind weit verbreitet, aber relativ ineffizient aufgrund der vollkommen anderen Systemarchitektur. Daraus motiviert ist der Entwurf spezialisierter Systeme für diese Aufgabe. Solche Systeme werden unter dem Begriff „neuromorphe Hardware“ zusammengefasst. Bisherige Implementierungen dieser Art waren meist auf einige hundert Neuronen begrenzt und erreichten dadurch noch nicht einen Vernetzungsgrad wie im biologischen Vorbild.

Mit zunehmender Integrationsdichte und Entwicklung neuartiger Implementierungskonzepte kommen aktuell deutlich größere neuromorphe Systeme in den Bereich der Anwendbarkeit [32, 33]. Diese Systeme versprechen schnelle Simulationen von Nervenzellstrukturen mit mehreren zehntausend bis hunderttausend Neuronen. Das Realisieren der Verbindungsstruktur spielt dabei eine entscheidende Rolle: Erstens muss das System in der Lage sein, die Vernetzung in den zu simulierenden Modellen nachzubilden. Das ist eine Grundvoraussetzung für seine Anwendbarkeit. Zweitens sollte die erforderliche Vernetzung möglichst effizient realisiert werden. Da die Anzahl der Verbindungen die der Neuronen um Größenordnungen übersteigt, ist ihre flächeneffiziente Implementierung entscheidend für eine hohe Integrationsdichte, die wiederum die erreichbare Größe des Systems mitbestimmt. Beide Ziele lassen sich erreichen, indem die Hardwarearchitektur die Eigenschaften der vorgegebenen Vernetzungsmodelle berücksichtigt und ausnutzt. Jedoch waren bisherige Untersuchungen zu Hardwarearchitekturen rein technisch orientiert [34, 35] oder auf ein bereits bestehendes System spezialisiert [36, 33].

Diese Arbeit hat das Ziel, eine Brücke zwischen Vernetzungsmodellen und Hardwarearchitekturen zu schlagen. Als Voraussetzung dafür entwickelt sie Charakterisierungsmethoden, die sich sowohl für Vernetzungsmodelle als auch für neuromorphe Hardwarearchitekturen anwenden lassen. Dieses Entwickeln einer „gemeinsamen Sprache“ ist in der bisherigen Forschung weitgehend ausgeblieben. Die Charakterisierung konzentriert sich zum Einen auf die Verteilung der Verbindungen zwischen Teilbereichen (Partitionen) der Netzstrukturen. Dadurch lässt sich die erforderliche Leitungsanzahl beziehungsweise Bandbreite zwischen diesen Bereichen ermitteln. Zum Anderen wird das Maß an Flexibilität analysiert, das für die Umsetzung unterschiedlicher Realisierungen eines Vernetzungsmodells notwendig ist. Daraus bestimmt sich der erforderliche Konfigurationsspeicher beziehungsweise die benötigten Schaltmöglichkeiten für Verbindungen in der Hardwarearchitektur.

Mit den gemeinsamen Analysemethoden lassen sich Missverhältnisse zwischen Vernetzungsmodellen und Hardwarearchitekturen aufdecken. Dadurch zeigen sich auch die kritischen Kenngrößen, die die Skalierung eines Hardwaresystems erschweren oder verhindern. Vorhandene Potenziale für die Hardwareoptimierung lassen sich so ebenfalls ermitteln. Diese Erkenntnisse ermöglichen es, neuartige Architekturen für neuromorphe Hardware zu entwickeln und die optimalen Einsatzgebiete für bestehende Architekturen abzugrenzen. Letztendlich lässt sich so das neuromorphe System gezielt auf einen Anwendungsfall zuschneiden. Die Analyseergebnisse stellen darüberhinaus konkrete Daten zur Dimensionierung der einzelnen Systemkomponenten bereit.

Die vorliegende Arbeit entwickelt und diskutiert alle diese Teilbereiche. Dazu gliedert sie sich wie folgt: Kapitel 2 stellt die notwendigen Grundlagen zusammen. Kapitel 3 entwickelt Methoden zur Charakterisierung von Verbindungsstrukturen in Vernetzungsmodellen und Hardware. In den Kapiteln 4 und 5 werden bestehende Vernetzungsmodelle und neuromorphe Hardwaresysteme charakterisiert. Kapitel 6 entwickelt daraus Methoden für den Entwurf effizienter Hardwarearchitekturen.

2 Grundlagen

Dieses Kapitel führt wichtige neurowissenschaftliche Grundlagen ein, die für das Verständnis der weiteren Arbeit notwendig sind. Dazu fasst es zunächst wesentliche Aspekte im Verhalten einzelner Nervenzellen zusammen. Anschließend erfolgt ein Überblick über Verbindungsstrukturen im Säugetiergehirn, ihre Modellierung und ihre technische Umsetzung.

2.1 Neuronen und Synapsen

Die signalverarbeitenden Zellen im Nervengewebe von Wirbeltieren und Wirbellosen werden als Neuronen bezeichnet. Ihre Kopplung untereinander übernehmen die sogenannten Synapsen. Aufbau und Verhalten von Neuronen und Synapsen sind Gegenstand zahlreicher Grundlagenwerke (siehe zum Beispiel [37, 38, 39, 40]), aus denen in diesem Abschnitt ein Überblick dargestellt wird.

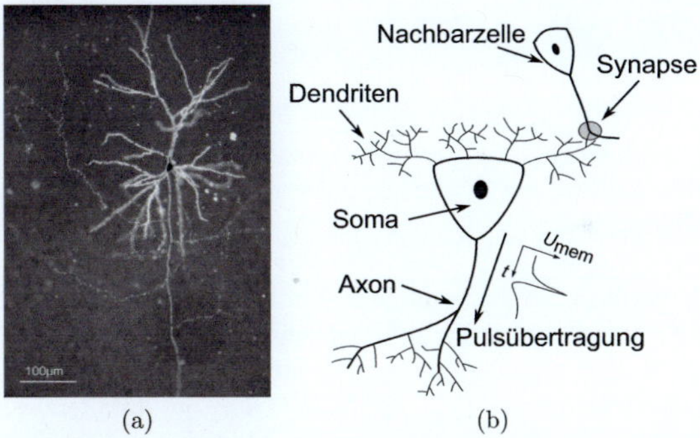

Abbildung 2.1: Aufbau eines Neurons. (a) Pyramidenzelle (Rattengehirn), mit Biocytin angefärbt (aus: scholarpedia, [41]); (b) schematische Darstellung eines Neurons.

Abbildung 2.1a zeigt ein typisches Neuron im Säugetiergehirn, das durch Anfärbung sichtbar gemacht wurde. Sein Zellkern, auch als Soma bezeichnet, ist in der Abbildung als dunkler Fleck zu erkennen. Charakteristisches Merkmal des Neurons sind seine weit verzweigten Fortsätze. Diese sind in Dendriten und Axone eingeteilt, wie Abbildung 2.1b zeigt. Die Dendriten sind eher lokal verteilt und dienen als Eingänge des Neurons. Demgegenüber stellen die Axone die Ausgänge des Neurons dar. In den meisten Fällen weisen Neuronen nur ein Axon auf, das relativ weite Distanzen überwinden kann, bevor es sich in einem oder mehreren lokal begrenzten Bereichen verzweigt.

Liegen ein Axon und ein Dendrit eng beieinander, kann sich eine Synapse ausbilden. Das ist eine kleine Ausstülpung in den Zellmembranen der beiden beteiligten Zellen, häufig bezeichnet als präsynaptisches (Axonseite) und postsynaptisches Neuron (Dendritenseite). Die Synapse dient der Weiterleitung von Signalen vom Axon zum Dendrit und ermöglicht damit die Kommunikation zwischen Neuronen.

Diese Kommunikation erfolgt über Spannungspulse, die am Ansatzpunkt des Axons an der Soma ausgelöst werden. Ihre Pulsform ist bei allen Neuronen näherungsweise gleich und wird während der Übertragung entlang des Axons laufend aufgefrischt. Bei Wirbeltieren sind lange Axone abschnittsweise von einer Myelinhülle umgeben. Die in diesen Bereichen verdickte Zellmembran vermindert die kapazitive Kopplung zwischen Zellinnerem und Zellzwischenraum. Dadurch lassen sich die betreffenden Axonabschnitte schneller umladen, was die Pulsübertragung deutlich beschleunigt.

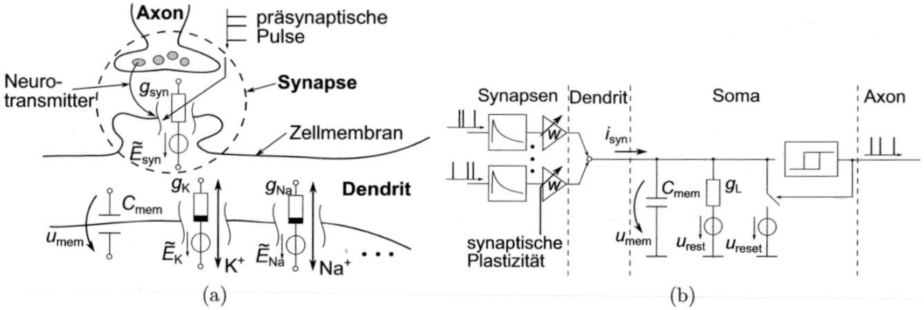

Abbildung 2.2: Modellierung eines Neurons. (a) konduktanzbasierte Modellierung der Zellmembran und der Synapsen; (b) vereinfachtes LIF-Modell und strombasierte Synapsen.

Das elektrische Verhalten des Neurons, insbesondere sein Pulsverhalten, wird durch elektrische und chemische Vorgänge an der Zellmembran bestimmt, wie sie Abbildung 2.2a skizziert. Die Membran isoliert das Zellinnere gegenüber dem Zellzwischenraum, woraus sich die sogenannte Membrankapazität C_{mem} ergibt. Die darüber abfallende Membranspannung u_{mem} ist eine wesentliche Zustandsvariable bei der Modellierung des Neuronenverhaltens.

Verschiedene Arten von Ionenkanälen in der Zellmembran sorgen für den Austausch von Ionen zwischen der Zelle und ihrer Umgebung. Dabei existieren sowohl passive Ionenkanäle, die einfachen Öffnungen in der Zellmembran gleichen, als auch aktive Ionenpumpen, die entgegen des Konzentrations- oder Potenzialgefälles arbeiten können. Dadurch wird für bestimmte Ionen ständig ein Konzentrationsgefälle aufrechterhalten. Das sorgt dafür, dass neben dem durch eine Membranspannung hervorgerufenen Ladungsausgleich ein ständiger Diffusionsstrom aktiv ist, der versucht, das Konzentrationsgefälle auszugleichen. Dies lässt sich durch eine individuelle Spannungsverschiebung für jeden Ionentyp modellieren, die als sogenannte Nernst-Spannung, oder auch Umkehrspannung $\tilde{E}$, bezeichnet wird [39]. In Abbildung 2.2a ist sie durch Spannungsquellen repräsentiert. Durch das Zusammenspiel verschiedener Ionenkanäle mit ihren individuellen Verschiebungen ergibt sich typischerweise eine Membranspannung von $u_{\mathrm{rest}} \approx -65\,\mathrm{mV}$ für ein Neuron in Ruhe [37].

Die einzelnen Ionenkanäle öffnen und schließen sich zufällig in Abhängigkeit von der Membranspannung. Durch die große Anzahl an Ionenkanälen eines Typs in der Zellmembran lässt sich ihre Gesamtwirkung aber in guter Näherung durch einen nichtlinearen, sich dynamisch ändernden Leitwert nachbilden. Die Ionen mit dem größten Einfluss auf das Neuronenverhalten sind Kalium und Natrium. Ihr Zusammenspiel erzeugt die einheitlichen Spannungspulse am Axon. Daneben üben Magnesium und Kalzium einen begrenzten Einfluss auf das Neuronenverhalten aus [37]. Diesem Zusammenhang folgend, bildet das einflussreichste detaillierte Neuronenmodell, das Hodgkin-Huxley(HH)-Modell [42], lediglich die Kalium- und Natrium-Ionenkanäle nach, während es alle anderen Ionentypen zu einem linearen Ionenkanal zusammenfasst. Mit diesem Modell lassen sich die typischen Pulsmodi der häufigsten Neuronentypen nachstellen [39], [43].

Synapsen werden häufig ebenfalls durch eine Kombination aus idealer Spannungsquelle $\tilde{E}_{\text{syn}}$ und zeitveränderlichem Leitwert $g_{\text{syn}}(t)$ dargestellt [37]. Dabei erfolgt eine Auslenkung des Leitwertes bei eintreffenden Pulsen am Axon. Allgemein wird diese Art der Beschreibung als konduktanzbasiertes Modell bezeichnet [44].

Die unterschiedlichen Synapsentypen unterscheiden sich hinsichtlich ihrer Umkehrspannung. Liegt diese über dem Ruhepotential, fließt der synaptische Strom in die Zelle hinein und erhöht die Membranspannung. In diesem Fall spricht man von exzitatorischen (erregenden) Synapsen. Ihre Umkehrspannung beträgt typischerweise $\tilde{E}_{\text{syn,exz}} \approx 0\,\text{mV}$ [37]. Liegt die Umkehrspannung unter dem Ruhepotential, erniedrigt der synaptische Strom die Membranspannung und die Synapse wird als inhibitorisch (hemmend) bezeichnet. Typisch für diesen Synapsentyp ist einer Umkehrspannung von $\tilde{E}_{\text{syn,inh}} = -75\,\text{mV}$.

Da das HH-Modell mit seinen nichtlinearen Leitwerten aufwändig zu berechnen ist, bedient man sich für viele Simulationen eines stark vereinfachten Modells, das nur einen linearen Ionenkanal enthält und die Pulserzeugung über einen Schwellwertschalter realisiert. Entsprechend seiner englischen Bezeichnung wird es LIF(Leaky-Integrate-and-Fire)-Neuron genannt [37]. Es ist in Abbildung 2.2b dargestellt. Darüberhinaus lassen sich Synapsen ebenfalls vereinfacht modellieren. Dabei erzeugt ein Pulsformer aus der eingehenden Pulsfolge einen Strompuls, der anschließend mit dem sogenannten Synapsengewicht w gewichtet wird. So wie in der Graphik gezeigt, werden die Synapsen dem empfangenden Neuron zugeordnet.

Das Synapsengewicht ist ein einfaches und weit verbreitetes Modell für die Wirksamkeit einer Synapse. Es fasst alle ihre Einflussfaktoren, wie zum Beispiel die Reaktionswahrscheinlichkeit einer einzelnen Kontaktstelle, die Menge der bei einem Puls ausgeschütteten Neurotransmitter oder die Anzahl der Kontaktstellen zwischen zwei Neuronen, in einem Skalar zusammen [45]. Die meisten Modelle sehen lediglich eine Synapse für die Verbindung von einem Neuron zu einem anderen vor und fassen in ihr alle Kontaktstellen zusammen.

Das Lernverhalten in neuronalen Netzen wird im Allgemeinen über die Veränderung der Synapsengewichte modelliert. Dieser Effekt wird als synaptische Plastizität bezeichnet. Eine typische Messung von Veränderungen im Synapsengewicht läuft wie folgt ab: Elektroden werden in zwei eng beieinanderliegende Zellen eingebracht und es wird getestet, ob diese miteinander verbunden sind, das heißt ob eine Stimulation an der Senderelektrode eine Auslenkung des Potentials an der Empfängerelektrode bewirkt [46]. In einigen Experimenten ist die Senderelektrode alternativ mit dem extrazellulären Raum verbunden [47]. Zunächst wird die Amplitude der Potentialauslenkung auf Empfängerseite bestimmt, dann ein Stimulus angelegt, der das Synapsengewicht beeinflussen soll, und dann einige Minuten später die empfangene Potentialauslenkung erneut gemessen. Durch eine Vielzahl derartiger Experimente lassen sich so Einflussgrößen auf das Synapsengewicht bestimmen und Modelle zum Nachstellen der Messergebnisse entwickeln.

Die Änderung der Synapsengewichte geschieht auf unterschiedlichen Zeitskalen. Dementsprechend unterscheidet man drei Formen der Plastizität:

Kurzzeitplastizität: Die Wirksamkeit der Synapse ändert sich im Bereich von Millisekunden bis Sekunden. Diese Änderung ist vollständig reversibel, das heißt nach Ende der Anregung bildet sich die Änderung komplett zurück [48].

Langzeitplastizität: Hierbei werden Änderungen des Synapsengewichtes durch Stimulation im Bereich von einigen Sekunden bis Minuten ausgelöst. Dadurch bildet sich im Zeitraum bis zu einer Stunde eine dauerhafte Gewichtsänderung aus (vergleiche dazu typische Messprotokolle, zum Beispiel in [46]).

Metaplastizität: Dieser Begriff fasst alle Effekte zusammen, die auf längeren Zeitskalen die Eigenschaften der Langzeitplastizität verändern. Ein derartiger Mechanismus ist die Änderung des Schwellwertes zwischen Gewichtsverstärkung und -abschwächung in Abhängigkeit der postsynaptischen Neuronenaktivität, wie er sowohl im BCM-Modell als auch in spannungsabhängiger Plastizität beschrieben wurde [49, 50].

Die wichtigsten untersuchten Einflussfaktoren auf die Plastizität, nach denen sich auch die entwickelten Modelle kategorisieren lassen [13], sind:

Pulsraten: Die dabei untersuchten Protokolle basieren auf der Annahme, dass Neuronen auf der Ebene einzelner Pulse unzuverlässig arbeiten und deshalb eine Mittelung über eine Vielzahl an Pulsen für verlässliche Aussagen notwendig ist [51]. Eine der einflussreichsten ratenbasierten Lernregeln ist die Bienenstock-Cooper-Munroe(BCM)-Regel [49]. Diese besagt qualitativ, dass eine Gewichtsänderung durch eine präsynaptische Erregung ausgelöst wird, die Richtung der Änderung aber durch die postsynaptische Rate bestimmt ist: Liegt diese in einem mittleren Bereich, erfolgt eine Gewichtsabschwächung, ist sie dagegen hoch, kommt es zu einer Gewichtsverstärkung.

Pulszeitpunkte: Neuere Experimente haben gezeigt, dass die Gewichtsänderung nicht nur ratenabhängig ist, sondern auch von den relativen Zeitpunkten von präsynaptischen und postsynaptischen Pulsen abhängt [46]. Das wird als Spike-Timing-Dependent Plasticity (STDP) bezeichnet. Gleichzeitig benennt STDP das einfachste pulsbasierte Lernmodell, das lediglich Paare von prä- und postsynaptischen Pulsen berücksichtigt [52]. Darüberhinaus wurden in den letzten Jahren eine Vielzahl an Messungen durchgeführt und Modelle entwickelt, die auch die relativen zeitlichen Abstände von drei und mehr Pulsen betrachten [53, 54],[13]

Membranpotenzial: Messungen haben gezeigt, dass das Membranpotenzial einen wesentlichen Einfluss auf die Gewichtsänderung ausübt [55]. Es hat dabei einen ähnlichen qualitativen Effekt wie die postsynaptische Rate in der BCM-Regel. Deshalb wurden daraus Lernregeln abgeleitet, die der BCM-Regel ähneln [56]. Einige Lernregeln verwenden das Membranpotenzial auch als einen von mehreren Einflussfaktoren [57],[13].

Kalzium-Konzentration: Kalzium scheint einen wichtige Rolle bei der Veränderung der synaptischen Wirksamkeit zu spielen [58]. Einige Lernregeln modellieren deshalb zunächst den Verlauf der Kalzium-Konzentration, um daraus die Gewichtsänderung abzuleiten [57].

Die unterschiedlichen Einflussfaktoren spielen eine wichtige Rolle insbesondere für die Langzeitplastizität. Modelle für Kurzzeitplastizität berücksichtigen demgegenüber meist ausschließlich Pulszeitpunkte [48].

Die oben angeführten Einflussfaktoren wirken alle gleichzeitig an einer Synapse. Trotzdem wurden die unterschiedlichen Einflüsse bisher meist getrennt behandelt. Ihre Wechselwirkungen wurden nur in wenigen Messungen näher untersucht [47] oder modelliert [59].

Als Beispiel ermöglicht das Modell der Local Correlation Plasticity (LCP), das außerhalb des Rahmens dieser Arbeit entwickelt wurde [2, 13], eine einfache Kombination der oben angeführten Einflussfaktoren. Dazu bedient es sich der mathematischen Formulierung des BCM-Modells, interpretiert jedoch die beteiligten Variablen neu als lokale Zustandsgrößen. Als Maß für die präsynaptische Aktivität wird eine präsynaptisch getriggerte Konduktanz $g(t)$ verwendet, die dem Leitwert eines konduktanzbasierten Synapsenmodells gleicht. Die postsynaptische Aktivität wird durch die Membranspannung repräsentiert. Daraus ergibt sich die folgende Formel:

$$\frac{\mathrm{d}w}{\mathrm{d}t} = B \cdot g(t) \cdot (u_{\mathrm{mem}}(t) - \theta_u) \ . \tag{2.1}$$

Dabei ist θ_u ein Spannungsschwellwert, der über die Richtung der Gewichtsänderung entscheidet. B stellt die Rate der Gewichtsveränderung ein. Das Modell greift auf bereits existierende lokale Zustandsvariablen zurück. Dadurch lassen sich die verschiedenen Einflussfaktoren auf die synaptische Plastizität über diese Zustandsvariablen integrieren. Gleichzeitig minimiert dieser Ansatz die Anzahl der Zustandsvariablen und Parameter in einem Gesamtmodell, da für die synaptische Plastizität, außer für das Synapsengewicht selbst, keine zusätzlichen dynamischen Vorgänge vorgesehen werden müssen. Dies ermöglicht auch eine effiziente Implementierung in neuromorpher Hardware, wie die Implementierung des MAPLE-Chips in Abschnitt 6.4 zeigt.

2.2 Aufbau des Gehirns

Dieser Abschnitt gibt einen Überblick über den Aufbau des Säugetiergehirns. Für ausführlichere Darstellungen sei auf [60], [31] und [61] verwiesen.

2.2.1 Makroskopische Organisation

Das Säugetiergehirn ist in mehrere große Bereiche eingeteilt. Diese sind in einem Schnitt durch das Gehirn deutlich zu unterscheiden, wie Abbildung 2.3a zeigt. Vom Rückenmark her werden Signale über Brücke und Mittelhirn an den Thalamus geleitet. In diesen unteren Bereichen erfolgt eine Vorverarbeitung, sowie die Ansteuerung der Muskeln, zum Beispiel die Auslösung von Reflexen. Die eigentliche Verarbeitung von Sinnesinformationen findet

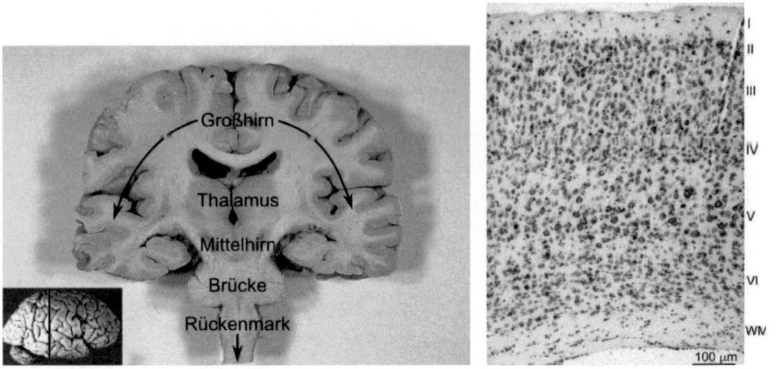

(a) (b)

Abbildung 2.3: Aufbau eines Säugetiergehirns. (a) senkrechter Schnitt (verändert aus [62]); (b) Schnitt durch die graue Materie, Zellkerne angefärbt durch Nissl-Färbung [31] (WM bezeichnet den Übergang zur weißen Materie).

dagegen im Großhirn statt, das auch den größten Teil des Säugetiergehirns ausmacht. Diese Arbeit bezieht sich ausschließlich auf diesen Bereich.

Im Bereich des Großhirns sind deutlich zwei Bereiche erkennbar, vergleiche Abbildung 2.3a. Der äußere, stark gefaltete Bereich wird als graue Materie bezeichnet. In dieser Schicht mit ungefähr konstanter Dicke sind alle Neuronen enthalten. Der innere Bereich, genannt weiße Materie, enthält dagegen fast ausschließlich myelinierte Axone.

Abbildung 2.3b zeigt einen Schnitt durch die graue Materie, bei dem die Zellkerne angefärbt wurden. Mehr oder weniger deutlich ist eine Einteilung in sechs Schichten zu erkennen. Da sich die Zellanordnung in verschiedenen Teilen des Großhirns ändert (siehe zum Beispiel [39, Abbildung 12.2]), ist eine einheitliche Einteilung aber schwierig. Vorherrschende Zelltypen und Verbindungsstrukturen unterscheiden sich in den Schichten jedoch deutlich, weshalb in der Modellierung häufig darauf Bezug genommen wird [63, 64].

Neben der Einteilung in Schichten lassen sich in der grauen Materie eine Vielzahl an Gehirnregionen anhand ihres Aussehens (Morphologie) im angefärbten Schnitt identifizieren. Je nach Autor erfolgt dabei eine Einteilung in mehr oder weniger viele Bereiche. Darüberhinaus gibt es große Unterschiede zwischen Spezies. Gängige Einteilungen in Gehirnregionen finden sich in [60] (Mensch), [31] (Maus) und [65] (Macaque-Affe). Letztere ist in Abbildung 2.4 wiedergegeben.

Neben den eigentlichen Regionen werden für das Verständnis der globalen Gehirnfunktion die Verbindungen der Regionen untereinander benötigt. Diese wurden zum Beispiel ebenfalls in [65] zusammengestellt. Eine solche Verbindungsübersicht ist sehr aufwändig zusammenzutragen, da jede mögliche Verbindung durch individuelle Messungen identifiziert werden muss. Selbst damit ist nur eine sehr grobe Klassifikation der Verbindungen möglich, das heißt es kann nur eine grobe Schätzung der Stärke der Verbindung angegeben werden [65, 66].

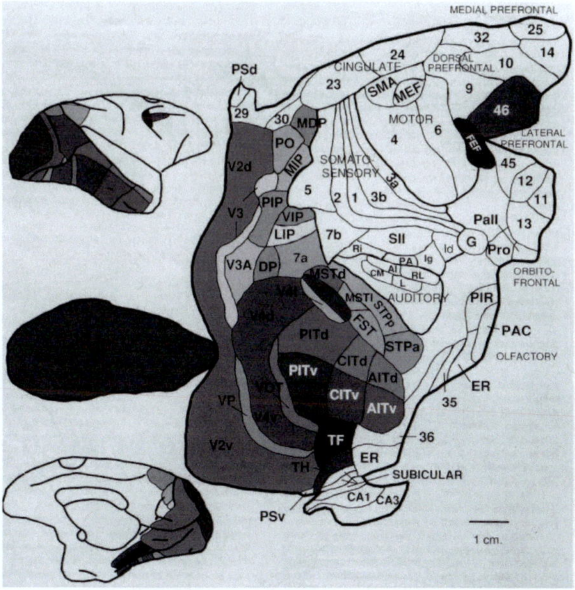

Abbildung 2.4: Einteilung des Großhirns eines Macaque-Affens in Regionen nach Felleman/Van Essen [65].

Auch aufgrund dieser spärlichen Datenlage konzentriert sich die Modellierung konkreter Gehirnregionen im Allgemeinen auf die Bereiche mit direkten Eingängen von Sinnesnerven. Hier sind die Eingangsgrößen noch relativ kontrolliert beeinflussbar. Beispielhaft für das Sehsystem existiert eine Vielfalt an Messdaten und Modellen des Bereiches V1 (in der Katze auch als Region 17 bezeichnet), der direkte Eingänge vom Sehnerv erhält [67, 68, 64]. Für die Informationsverarbeitung in darauffolgenden Regionen existieren dagegen eher abstrakte [69] oder regionenunabhängige [63, 70] Modelle.

Quantitative Daten über das Gehirn als Ganzes oder einzelne Regionen sind gegenüber qualitativen Einteilungen noch deutlich schwieriger zu ermitteln. Wegen der starken Verzweigung der Zellen und ihrer großen Anzahl sind entsprechende Messungen nur für zahlenmäßig oder räumlich sehr begrenzte Proben möglich [60, 71]. Aus diesen muss dann auf ganze Gehirnregionen hochgerechnet werden. Beispielsweise kann aus der Anzahl der Zellkerne in einer Schnittprobe auf die lokale Dichte der Neuronen geschlossen werden, was wiederum über das Gehirnvolumen eine Abschätzung der Neuronenanzahl erlaubt. Während das Zählen der Zellkerne im Allgemeinen keine Probleme aufwirft, ist das Bestimmen des von der Probe repräsentierten Volumens mit starken Messungenauigkeiten behaftet [60]. Nichtsdestotrotz sind mit ähnlichen Methoden Abschätzungen für eine Vielzahl von globalen Kenngrößen möglich, wie zum Beispiel die Arbeit von Braitenberg und Schüz für das Mäusegehirn zeigt [31].

Beim Vergleich zwischen Säugetierarten mit unterschiedlichen Gehirngrößen sind in vielen dieser Kenngrößen Gesetzmäßigkeiten erkennbar [72]. Dazu werden aus den Messdaten im Allgemeinen Potenzgesetze abgeleitet, deren Exponent als Skalierungsmaß dient. Daneben gibt es einige Eigenschaften, die über alle Spezies ungefähr konstant sind. Die beiden wichtigsten sind die Synapsendichte, die in der Größenordnung $10^8 \dots 10^9\,\mathrm{mm}^{-3}$ liegt [31, 60, 72], und die Anzahl der Neuronen pro Gehirnoberfläche [72, 38], so dass entlang einer senkrechten Linie durch die graue Materie immer ca. 100 Neuronen liegen [72].

Aus den Skalierungseigenschaften lassen sich auch Rückschlüsse auf die Eigenschaften der Verbindungsstruktur im Gehirn ziehen. Beispielsweise wurde in [73] eine näherungsweise Skalierungsvorschrift für die lokale Verteilung von Verbindungen aus dem Verhältnis von weißer zu grauer Materie [74] abgeleitet. Abschnitt 3.2.3 in dieser Arbeit entwickelt einen vergleichbaren, aber weiterführenden Ansatz. Dafür macht er sich die folgenden Skalierungsregeln in Abhängigkeit der Neuronenanzahl N zunutze [72]:

$$\begin{aligned}
&\text{Axondurchmesser:} && d_a \sim N^{1/6} \\
&\text{Dicke graue Materie:} && h_c \sim N^{1/6} \\
&\text{Neuronendichte:} && V_{\mathrm{gray}} \sim N^{3/2} \;\rightarrow\; \rho_N \sim N^{-1/2} \\
&\text{Gesamtanzahl Synapsen:} && S \sim N^{3/2}
\end{aligned} \tag{2.2}$$

Diese Skalierungsregeln lassen sich teilweise auch aus geometrischen und physiologischen Zusammenhängen motivieren. Der ansteigende Axondurchmesser kann zum Beispiel als notwendig zum Aufrechterhalten vertretbarer Signallaufzeiten in größeren Gehirnen erklärt werden (siehe dazu auch [75]). Darüberhinaus sorgt die überproportionale Skalierung der Synapsenanzahl relativ zu den Neuronen indirekt für eine Abnahme der Neuronendichte.

2.2.2 Mikroskopische Organisation

Das Untersuchen der Struktur einzelner Zellen im Gehirn ist aufwändig, da es eine zuverlässige Anfärbung der weit verzweigten Dendriten und Axone erfordert. Wichtige Pionierarbeit in dieser Richtung wurde von Ramon y Cajal geleistet, der erste detaillierte Zeichnungen einzelner Neuronen anfertigte [76]. Seither wurde eine Vielzahl an Färbemethoden entwickelt, für einen Überblick siehe [60].

Je nach der Zellstruktur lassen sich verschiedene Neuronentypen unterscheiden. Dazu gibt es in der Literatur unterschiedliche Klassifikationen, die Neuronen anhand von bestimmten Strukturmerkmalen in Gruppen einteilen [31, 39, 60, 77]. Zwei wesentliche Neuronentypen sind:

Pyramidenzellen: Diese Neuronen sind erkennbar an ihrem pyramidenförmigen Zellkern. Zudem weisen sie einen Dendriten auf, der an der Spitze des Zellkerns ansetzt, sowie ein Axon, das sich in die weiße Materie hinein erstreckt. Laut [39] sind ca. 70 % der Neuronen im Großhirn Pyramidenzellen, wobei ihr Anteil je nach Gehirnbereich und Spezies deutlich abweichen kann [31, 60].

Sternzellen: Diese Neuronen haben ihren Namen von sich sternförmig ausbreitenden Dendriten bekommen. Sie lassen sich weiter in rauhe und glatte Sternzellen unterteilen

[77], wobei der Anteil an rauhen Sternzellen im Neokortex mit ca. 10 % angegeben wird. Andere Klassifikationen fassen Sternzellen mit anderen Untergruppen zu den sog. glatten Neuronen (engl. smooth neurons) zusammen. Ihr Anteil an den Neuronen des Großhirns beträgt laut [39] ca. 20 %.

Die restlichen ca. 10 % der Zellen lassen sich keinem dieser beiden Typen zuordnen. In der Literatur werden viele weitere Neuronentypen beziehungsweise Untergruppen beschrieben, auf die hier nicht weiter eingegangen wird. Als wichtige Beispiele seien Martinottizellen [31] und Korbzellen [60] genannt.

Neben der morphologischen Einteilung lassen sich Neuronentypen auch an ihrem Verhalten unterscheiden. Wichtig für das Netzwerkverhalten ist dabei die Pulsreaktion der Neuronen auf verschiedene Stimulationen. Eine Übersicht über die verschiedenen Arten des Pulsverhaltens ist zum Beispiel in [43] enthalten. Häufig lässt sich eine Zuordnung zwischen Morphologie und Verhalten ziehen. Beispielsweise sind Pyramidenzellen häufig regulär pulsend, bestimmte Sternzellen dagegen schnell pulsend [78].

Eine wesentliche Einteilung der Neuronen erfolgt anhand der Art der Synapsen an ihrem Axon. Grund dafür ist die experimentell bestätigte Annahme, dass Neuronen nur eine Art von Synapsen am eigenen Axon ausbilden (Dale-Prinzip) [60]. Je nachdem, ob dieser Typ exzitatorisch oder inhibitorisch ist, bezeichnet man die Neuronen ebenfalls als exzitatorisch beziehungsweise inhibitorisch. Das Verhältnis von exzitatorischen zu inhibitorischen Neuronen wird typischerweise als 4 zu 1 angenommen [79], wobei dieser Wert nur ein grober Anhaltspunkt ist und Messungen je nach Gehirnbereich teilweise deutlich abweichen [60, 31].

Eine typische Messung für lokale Verbindungen testet für einzelne Paare aus Zellen verschiedener Typen oder Schichten, ob eine Verbindung zwischen ihnen besteht, und rechnet daraus auf größere Populationen hoch [80]. Eine dabei häufig verwendete Annahme ist das sogenannte Peter-Gesetz: Dieses besagt, dass der Anteil der Synapsen eines Neurons von einem anderen Neuronentyp gleich dem Anteil dieses Neuronentyps im sendenden Gehirnbereich beziehungsweise in der sendenden Schicht ist [31]. Elektronenmikroskopische Zählungen der Synapsen bestätigen diese Annahme in vielen Fällen [31]. Das Peter-Gesetz ist gleichbedeutend mit einer zufälligen Ausbildung von Verbindungen. Es erlaubt, aus Messungen der Neuronenhäufigkeiten eine mehr oder weniger grobe Schätzung der Synapsenanzahl von einzelnen Neuronentypen abzuleiten [60]. Im Gegensatz dazu zeigen Messungen, dass die Verbindungshäufigkeit zwischen Zellen deutlich abnimmt, wenn diese mehr als einige 100 μm voneinander entfernt liegen [41]. Diese Entfernungsabhängigkeit lässt sich in guter Näherung als Gauss-Funktion darstellen.

Durch das Extrahieren lokaler Verbindungshäufigkeiten lassen sich typische lokale Verschaltungen zwischen Neuronen unterschiedlichen Typs beziehungsweise in unterschiedlichen Schichten ableiten. Qualitativ dienen sie dem besseren Strukturieren von Funktionsweisen. Je nach Gehirnregion wurden unterschiedliche lokale Schaltungen extrahiert, siehe zum Beispiel [80, 39]. Aus diesen Messungen lassen sich direkt Modelle ableiten, wie Abschnitt 4.2 beschreibt. Auf der Ebene eines einzelnen Neurons kann darüberhinaus die Verschaltung der Dendriten die Verarbeitungsfunktion erheblich beeinflussen. Durch das Koppeln exzitatorischer und inhibitorischer Effekte ist damit sogar das Realisieren logischer Funktionen denkbar [39].

2.3 Beschreibung von Verbindungsmodellen

Zur Nachbildung und zum Verständnis der Funktion biologischer neuronaler Netze müssen die vorhandenen Messdaten durch vereinfachende Modelle der Verbindungsstruktur abgebildet werden. Die Neuronen werden dabei im Allgemeinen als Punktneuronen dargestellt, das heißt die Struktur in den Dendriten und Axonen bleibt unberücksichtigt. Damit lässt sich die Verbindungsstruktur als Graph beschreiben, in dem die Neuronen die Knoten des Graphen und die Verbindungen zwischen Neuronen seine Kanten darstellen. In den Neurowissenschaften werden häufig die Begriffe Netz und Netzwerk als Synonym für diese Graphendarstellung verwendet.

Die Standarddarstellung als Graph verwendet für jede Verbindung zwischen zwei Neuronen eine einzelne Kante. Eine passendere Modellierung für neuronale Verbindungsstrukturen ist demgegenüber die Verwendung von Hyperkanten [81]. Anders als die Kante eines Graphen, die immer zwei Knoten vereint, umfasst eine Hyperkante beliebig viele Knoten. Der Struktur eines Axons folgend sind dann in einer Hyperkante das Senderneuron und alle seine Empfänger zusammengefasst. Einen derartigen Graphen bezeichnet man als Hypergraphen. Beide Varianten stellen zunächst lediglich zwei verschiedene Darstellungsarten einer Verbindungsstruktur dar. Ihr Unterscheidung spielt jedoch eine wichtige Rolle bei der optimierten Partitionierung von Netzen, wie sie in Abschnitt 3.2 verwendet wird.

Ein Modell für eine Verbindungsstruktur umfasst eine bestimmte Menge von Graphen, die aus einer gemeinsamen Realisierungsvorschrift entstehen. Diese Menge repräsentiert das Netzmodell. Ein bestimmter Graph dieser Menge wird im Folgenden auch als Realisierung des Netzmodells bezeichnet. Jeder Realisierung lässt sich eine bestimmte Auftretenswahrscheinlichkeit zuordnen. Dadurch können mittlere Eigenschaften eines Netzmodells durch Berechnen von Erwartungswerten ermittelt werden. Für stochastische Realisierungsvorschriften ist die Auftretenswahrscheinlichkeit für jede Realisierung im Allgemeinen eindeutig bestimmt, ansonsten kann sie separat festgelegt werden.

Eines der einfachsten stochastischen Netzmodelle ist der zufällig-gleichverteilte Graph. Seine Realisierungsvorschrift besteht darin, jede mögliche Kante zwischen zwei Knoten unabhängig voneinander mit gleicher Wahrscheinlichkeit zu erzeugen. Dieses Netzmodell ist weit verbreitet als Referenzmodell für Netzanalysen [82].

Im zufällig-gleichverteilten Graph werden alle Knoten als gleichartig behandelt. Demgegenüber ist es bei der Modellierung neuronaler Netze gebräuchlich, Neuronen mit gleichartigen Eigenschaften zu sogenannten Populationen zusammenzufassen. Die Verbindungsstruktur wird dann je nach Populationszugehörigkeit unterschieden: Alle Verbindungen von Neuronen einer Quellpopulation zu den Neuronen einer Zielpopulation werden anhand der gleichen Bildungsvorschrift erzeugt. Das zur Methodenbeschreibung in Kapitel 3 verwendete Beispielnetzwerk folgt diesem Ansatz.

In Kapitel 4 erfolgt eine detailliertere Einführung in Verbindungsmodelle für pulsende neuronale Netze.

2.4 Entwurf neuromorpher Hardware

Das Ziel, neuronale Verarbeitung technisch nachzubauen und nutzbar zu machen, wird schon relativ lange verfolgt. Ein klassisches Beispiel dafür ist das McCulloch-Pitts-Neuron [83] und die daraus entstandenden künstlichen neuronalen Netze [84]. Wie die meisten biologischen Messprotokolle, folgte man dabei lange dem Paradigma der ratenbasierten Verarbeitung, das heißt der ausschließlichen Betrachtung von Pulsraten als Informationsträger [49, 51]. Die Nachbildung pulsender Neuronen ist demgegenüber relativ neu. Dieses Gebiet wurde durch die Implementierung eines einfachen Retinamodells durch Carver Mead begründet [85]. Dieser prägte auch den Begriff „neuromorphe Hardware“ für das Nachbilden pulsender neuronaler Netze in integrierten Schaltungen.

Grundsätzlich gibt es zwei Motivationen für neuromorphe Hardware. Ziel ist entweder, biologische neuronale Netze nachzubilden, um so deren Verarbeitung besser zu verstehen, oder Prinzipien neuronaler Informationsverarbeitung für technische Anwendungen nutzbar zu machen. In Richtung technischer Anwendungen existieren nur sehr wenige tatsächlich anwendungsreife Implementierungen. Ein vielversprechendes Beispiel ist die Bildverarbeitung mit Pulscodes [86, 87]. Der dahingehend entwickelte Bildsensor von Lichtsteiner et al. [88] generiert einen Digitalpuls immer dann, wenn die Helligkeit eines Pixels sich ändert. Dadurch erfolgt eine starke Kompression der Bildinformation, da nur Helligkeitsveränderungen weitergeleitet werden. Gleichzeitig wird dabei eine sehr hohe zeitliche Auflösung bei der Detektion dieser Änderungen erreicht. Gegenüber herkömmlichen framebasierten Verfahren entsteht dadurch eine um Größenordnungen verringerte Datenmenge, was die Datenübertragung und weitere Verarbeitung deutlich vereinfacht [89].

Systeme, die zur Nachbildung biologischer Verarbeitung entworfen wurden, haben häufig den Charakter von Machbarkeitsstudien. Meist weisen sie eine sehr begrenzte Systemgröße auf und sind für ein konkretes Experiment konzipiert [90, 91], auch wenn ihre Systemarchitektur meist generisch gehalten ist. Viele solcher Systeme sind auf das Nachbilden sensorischer Verarbeitung spezialisiert [92], wie zum Beispiel zur Bildfilterung [93, 94] oder zur auditiven Verarbeitung [95]. Während sie interessante Entwicklungsstudien darstellen, haben sie sich bisher gegenüber konventioneller Rechentechnik nicht durchsetzen können.

Demgegenüber gibt es einige Implementierungen, die das Nachbilden biologischer Modelle explizit zur Beschleunigung von Simulationen verwenden wollen. Motiviert ist das dadurch, dass die Differentialgleichungen für pulsende Neuronen einen relativ hohen Rechenaufwand erfordern, da sie häufig nichtlinear sind und starke Unterschiede in ihren Zeitkonstanten aufweisen [23]. Demgegenüber ist eine direkte Nachbildung als integrierte Schaltung relativ effizient möglich. Daraus ergibt sich als Anwendungsgebiet die schnelle Simulation festgelegter Neuronen- und Synapsenmodelle, zum Beispiel zur Exploration von Parameterräumen. Dabei müssen jedoch Abweichungen der Hardwarerealisierung in Kauf genommen werden [96],[18].

Ein ambitioniertes Projekt dieser Art ist das FACETS/BrainScaleS Waferscale-System, das momentan im Rahmen des BrainScaleS-Projektes weitergeführt wird [97, 32]. Der dabei verfolgte Ansatz ist das Integrieren neuromorpher Schaltungen auf einem kompletten Siliziumwafer. Dadurch lässt sich sowohl die Systemgröße, als auch die erreichbare Vernetzungsdichte erhöhen. Durch das Entwerfen der Schaltungen für eine um 10^4 beschleunigte Zeitbasis gegenüber äquivalenten biologischen Vorgängen wird eine deutliche Simulationsbeschleunigung erreicht. Diese Schaltungen für Neuronen und Synapsen sind als Analogschaltung realisiert, während die Pulskommunikation digital erfolgt. Eine ausführlichere Beschreibung dieses Systems erfolgt in Abschnitt 5.4.

Ein System ähnlicher Größenordnung wird im Rahmen des SpiNNaker-Projektes realisiert [33, 98]. Im Gegensatz zum FACETS/BrainScaleS-System verwendet es nur digitale Schaltungen. Dabei sind konventionelle ARM-Prozessoren eingebettet in ein auf Pulskommunikation zugeschnittenes Network-on-Chip beziehungsweise Multi-Chip-Netzwerk.

Diese beiden größten gegenwärtig implementierten neuromorphen Systeme repräsentieren auch die zwei wesentlichen Implementierungsansätze: gemischt analog/digital (mixed-signal) oder rein digital. Als Vorteile von Mixed-signal-Implementierungen werden häufig eine höhere Integrationsdichte und eine geringere Energie pro Puls angeführt. Das Potenzial für energieeffiziente Informationsverarbeitung in derartigen neuromorphen Systemen ist groß, wie auch ein Vergleich mit dem biologischen Vorbild zeigt, und wird von bestehenden Implementierungen bei Weitem noch nicht ausgenutzt [99]. Dafür ist die Flexibilität bei der Konfiguration der Neuronen- und Synapsenmodelle in Mixed-signal-Realisierungen eingeschränkt, und es treten teilweise deutliche Parameterstreuungen auf, die im Allgemeinen nicht vollständig kompensiert werden können. Rein digitale Implementierungen sind in Sub-100 nm-Technologien bezüglich Integrationsdichte und Energie pro Puls nicht mehr unbedingt im Nachteil gegenüber Analogschaltungen [100]. Dafür ermöglichen sie meist eine höhere Flexibilität der Modelle und ihrer Parameter. Darüberhinaus sind ihre Ergebnisse reproduzierbar und frei von Streuungen zwischen Elementen, wenn auch nicht notwendigerweise exakt [23]. Nichtsdestotrotz ist die Mehrzahl bestehender neuromorpher Systeme in Mixed-signal-Schaltungstechnik ausgeführt [101].

Unabhängig von der Realisierungsart lassen sich neuromorphe Systeme anhand einiger allgemeiner Kenngrößen grob vergleichen:

- Anzahl der Neuronen
- Anzahl der Synapsen
- verfügbare Neuronen- und Synapsenmodelle und ihre Parameterbereiche
- Programmierbarkeit der Verbindungsstruktur
- verfügbare Bandbreite zur Übertragung von Pulsen

Bis auf die verfügbaren Modelle entscheiden alle diese Parameter mehr oder weniger direkt über die Verbindungsstrukturen, die auf ein System abgebildet werden können.

Die Architektur eines neuromorphen Systems hängt wesentlich von den Abhängigkeiten der zu implementierenden Neuronen- und Synapsenmodelle untereinander ab. Diese Abhängigkeiten bestimmen, wie die einzelnen Modellkomponenten zueinander angeordnet werden können und entscheiden darüber, welche Teile der Modelle von mehreren Synapsen oder Neuronen zusammen verwendet werden können. Die einzelnen Modellgleichungen, zum Beispiel die in Abschnitt 2.1 eingeführten, lassen sich in Gruppen mit gleichen Abhängigkeiten einteilen, die in der Architektur zusammen implementiert werden können.

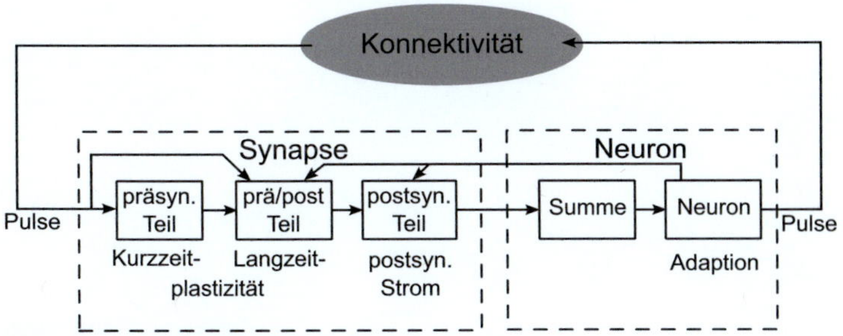

Abbildung 2.5: Modellkomponenten eines neuromorphen Systems und ihre Abhängigkeiten untereinander.

Abbildung 2.5 zeigt eine solche Einteilung. Aus dem Synapsenmodell lassen sich Teile abtrennen, die nur von präsynaptischen Pulsen beziehungsweise postsynaptischen Zustandsvariablen abhängig sind. Beispielsweise wird die synaptische Kurzzeitplastizität im Allgemeinen nur von präsynaptischen Pulsen bestimmt. Auch die Generierung der beiden Zeitfenster in STDP [46, 102] ist nur abhängig von entweder präsynaptischen oder postsynaptischen Pulsen. Modelle für Langzeitplastizität berechnen dagegen im Allgemeinen eine Korrelation zwischen präsynaptischen und postsynaptischen Zustandsvariablen. Diese erfordern daher immer eine Komponente, die zugleich von prä- und postsynaptischen Zustandsvariablen abhängig ist. Die Gewichtsberechnung in STDP [102] beziehungsweise Gleichung 2.1 der LCP-Lernregel sind Beispiele dafür.

In den meisten Fällen wird die Wirkung einzelner Synapsen summiert und als Stromeingang für das Neuronenmodell verwendet. Summierung und postsynaptischer Teil der Synapse, insbesondere die Generierung der Wellenform für den postsynaptischen Strom, können unter Umständen zusammengefasst werden, wenn sich die Pulse an einer Synapse linear überlagern. Diesen Umstand macht sich zum Beispiel das Konzept der Multisynapse [103] zunutze, das in Abschnitt 6.5 aufgegriffen wird. Schließlich werden die Ausgangspulse des Neurons über ein Verbindungsnetzwerk an empfangende Neuronen gesendet. Die vorliegende Arbeit konzentriert sich im Wesentlichen auf die Analyse und Optimierung der Chiparchitektur in Bezug zu diesem Verbindungsnetzwerk.

Kapitel 5 stellt einige typische Ansätze für neuromorphe Systeme näher vor und charakterisiert anhand dieser Parameter und ihrer Hardwarearchitektur die durch sie realisierbaren Verbindungsstrukturen.

3 Methoden zur Topologieanalyse

Dieses Kapitel beschreibt Darstellungs- und Analysemethoden für Verbindungsstrukturen. In Abschnitt 3.1 werden in der Literatur verwendete Kenngrößen und Analysemethoden vorgestellt, die bei den Untersuchungen in den nachfolgenden Kapiteln verwendet werden. Abschnitt 3.2 führt Rent's Rule als Beschreibungsmethode für die Verteilung von Verbindungen in einem Netzwerk ein. Darauf aufbauend werden eigene Erweiterungen für die Untersuchung von neuronalen Netzen dargestellt und eine Beziehung zu geometrischen Begrenzungen im Gehirn hergestellt. Abschnitt 3.3 stellt eine neu entwickelte Beschreibungsmethode für Verbindungsstrukturen auf Basis eines erweiterten Graphen vor und zeigt, wie sich Netzmodelle mit dieser Beschreibung analysieren lassen.

3.1 Typische Kenngrößen von gerichteten Graphen

Gerichtete Graphen werden zunehmend häufiger eingesetzt, um komplexe Systeme zu charakterisieren. Das zugehörige Forschungsgebiet der „komplexen Netzwerke“ versucht, die Struktur der Interaktionen in verschiedenen vernetzten Systemen (zum Beispiel Computernetzwerke, Zitierungen in der Wissenschaft, Nahrungsnetze) mit Hilfe von Graphen zu analysieren und Rückschlüsse auf das Verhalten, die Stabilität oder die Ausfallsicherheit der Systeme zu ziehen [82]. Die dabei entwickelten Methoden eignen sich auch für die Analyse von pulsenden neuronalen Netzen. Eine Auswahl von ihnen wird deshalb im Folgenden kurz eingeführt.

Auch wenn in vielen Systemen die Interaktionen eine definierte Richtung haben (zum Beispiel bei Zitierungen), werden die meisten Analysen in der Literatur mit ungerichteten Graphen durchgeführt, da diese einfacher zu handhaben sind [81, 82]. So sind viele Definitionen von Netzwerkeigenschaften bislang nur für ungerichtete Graphen erfolgt und müssen hier teilweise auf gerichtete Graphen erweitert werden. Darüberhinaus ist in einigen Fällen ein Vergleich von gerichtetem und ungerichtetem Graph eines Systems sinnvoll. Der einem gerichteten Graphen zugrundeliegende ungerichtete Graph enthält dabei die gleiche Anzahl Knoten und genau dann eine Kante zwischen zwei Knoten, wenn zwischen den zwei zugehörigen Knoten im gerichteten Graphen mindestens eine Kante existiert.

Zur Illustration der verschiedenen Netzwerkparameter wird im Folgenden das in Abbildung 3.1 dargestellte Netzmodell verwendet. Es ist ein typisches populationsbasiertes Netz (vergleiche Abschnitt 2.3 und Kapitel 4) mit zwei Neuronenpopulationen im Größenverhältnis 4:1. Zur einheitlichen Darstellung wurden die Eingänge und Ausgänge des Netzwerks in der Abbildung als eigene Populationen eingezeichnet. Alle Verbindungen zwischen zwei Populationen werden als Projektion bezeichnet. Im Beispiel haben sie jeweils die gleiche Verbindungswahrscheinlichkeit, deren Wert an der jeweiligen Kante angeführt ist.

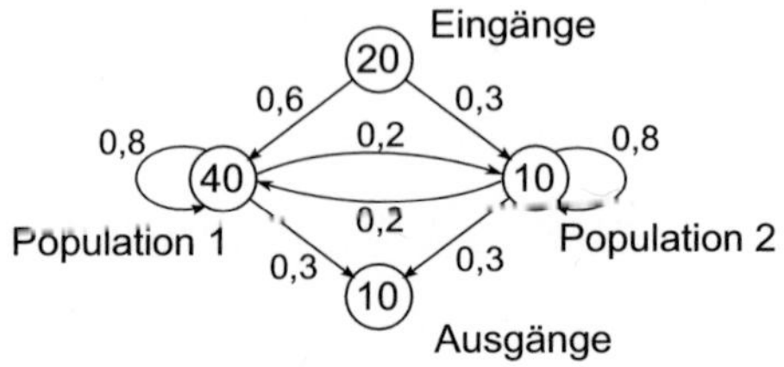

Abbildung 3.1: Beispielnetzwerk zur Veranschaulichung der verschiedenen Netzwerkeigenschaften. Die Knoten stellen Populationen mit der angegebenen Anzahl an Neuronen dar. Die Werte an den Kanten sind Wahrscheinlichkeiten für individuelle Verbindungen zwischen Populationen.

Verbindungsmatrix Eine Möglichkeit zur graphischen Darstellung von Netzwerken sind Verbindungsmatrizen. Jede mögliche Verbindung zwischen zwei Neuronen (Knoten) ist dabei durch einen Matrixeintrag repräsentiert. So lassen sich zum Beispiel gemessene Synapsengewichte und Verbindungshäufigkeiten [80] oder die in einer Netzliste existierenden Verbindungen [104, 36] übersichtlich darstellen.

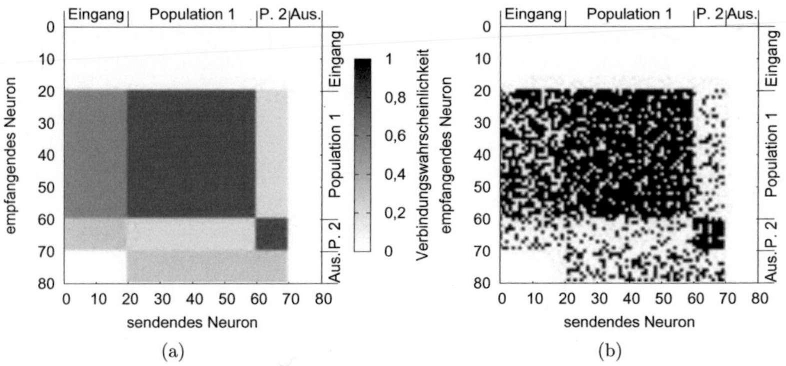

Abbildung 3.2: Verbindungsmatrizen des Beispielnetzwerkes. (a) Matrix der Verbindungswahrscheinlichkeiten; (b) Netzliste einer Realisierung. Population 2 (P. 2) und Ausgang (Aus.) sind abgekürzt.

Abbildung 3.2 zeigt Verbindungsmatrizen für die Verbindungswahrscheinlichkeiten des Beispielnetzwerkes und die Netzliste einer Realisierung. Die einzelnen Populationen sind deutlich voneinander zu unterscheiden. Jede Projektion zwischen zwei Populationen erzeugt einen rechteckigen Bereich in der Matrix. In der gewählten Anordnung mit sendenden Neuronen als Spalten und empfangenden Neuronen als Zeilen sind Eingänge als Zeilen mit Nulleinträgen und Ausgänge als Spalten mit Nulleinträgen zu erkennen.

Ein Nachteil der Verbindungsmatrix ist ihre Abhängigkeit von der Reihenfolge der Neuronen. Eine Umordnung der Neuronen führt im Allgemeinen zu einem deutlich veränderten optischen Eindruck. Im Extremfall einer vollkommen zufälligen Reihenfolge der Neuronen erscheint eine Verbindungsmatrix weitgehend uniform, auch wenn das zugrundeliegende Netzwerk eine ausgeprägte Struktur enthält, die unverändert in anderen Netzeigenschaften erkennbar ist.

Eingangs- und Ausgangsgrade In ungerichteten Graphen bezeichnet der Grad $d(j)$ eines Knotens j die Anzahl der mit ihm verbundenen Kanten. In gerichteten Graphen unterscheidet man zwischen Eingangsgrad $d_{\text{in}}(j)$ für die Anzahl der eingehenden Kanten und Ausgangsgrad $d_{\text{out}}(j)$ für die Anzahl der ausgehenden Kanten. In neuronalen Netzen korrespondiert damit der Eingangsgrad mit der Anzahl der Synapsen (am Dendriten) eines Neurons und der Ausgangsgrad mit der Anzahl der Synapsen, zu denen sich das Axon des Neurons verzweigt. Aus der Differenz von summiertem Eingangs-/Ausgangsgrad und dem (ungerichteten) Grad eines Knotens lässt sich die Anzahl der rekurrenten (bidirektionalen) Verbindungen zu anderen Knoten ermitteln.

Die Verteilung der Knotengrade ist eine umfassend untersuchte Charakteristik eines Netzwerkmodells [81]. Für einen ungerichteten Graphen, bei dem alle Verbindungen die gleiche Verbindungswahrscheinlichkeit p aufweisen (im Folgenden zufällig-gleichverteilter Graph genannt, siehe auch Abschnitt 4.1), folgt sie einer Binomialverteilung $B(N, p, k)$ mit Versuchsanzahl N, Erfolgswahrscheinlichkeit p und Erfolgsanzahl k. Für die diskrete Wahrscheinlichkeitsdichte des Knotengrades d ergibt sich:

$$f_D(d) = B(N, p, k = d) = \binom{N}{k} \cdot p^k \cdot (1-p)^{N-k} \tag{3.1}$$

Für einen gerichteten zufällig-gleichverteilten Graphen folgen Eingangs- und Ausgangsgrade der selben Verteilung. In vielen realen Netzwerken wurde dagegen eine Gradverteilung gefunden, die näherungsweise einem Potenzgesetz folgt ($f_D(d) \sim d^{-\gamma}$, mit $\gamma = 2 \ldots 3$) und sich damit grundlegend von einer Binomialverteilung unterscheidet [81]. Diese sogenannten „skalenfreien Netze“ lassen sich unter anderem durch das Prinzip des „preferential attachment“ erklären (vergleiche Abschnitt 2.3).

Da das Beispielnetzwerk aus verschiedenen, in sich uniformen Bereichen besteht, ergeben sich die Gradverteilungen der Neuronen als Summe aus Binomialverteilungen. In Abbildung 3.3a und 3.3b sind die Histogramme der empirischen Verteilungen für die Realisierung aus Abbildung 3.2b dargestellt. Da das Netzwerk nur wenige Neuronen aufweist, sind die Streuungen der Knotengrade gegenüber den Absolutwerten so groß, dass die Gradverteilungen der einzelnen Populationen ineinander übergehen. Eingänge und Ausgänge des Netzwerks heben sich in den Diagrammen deutlich durch Einträge bei Null ab.

Die Analyse der Korrelationen zwischen Eingangs- und Ausgangsgrad erlaubt eine genauere Charakterisierung der Netzwerkstruktur [105]. Diese lassen sich gut in einem Streudiagramm darstellen, wie es Abbildung 3.3c für das Beispielnetzwerk zeigt. Jeder Punkt entspricht dabei einem Neuron des Netzwerks. Mit Hilfe der Beziehung von Eingangs- zu Ausgangsgrad lassen sich die Neuronen eines Netzwerkes in zwei Gruppen mit unterschiedlicher Funktion einteilen: Ist der Eingangsgrad größer als der Ausgangsgrad, erhält das Neuron mehr Eingänge als es seinen Ausgang an andere Neuronen verteilt (Kollektor). Im umgekehrten Fall verzweigt es die Signale von weniger Vorgängerneuronen an

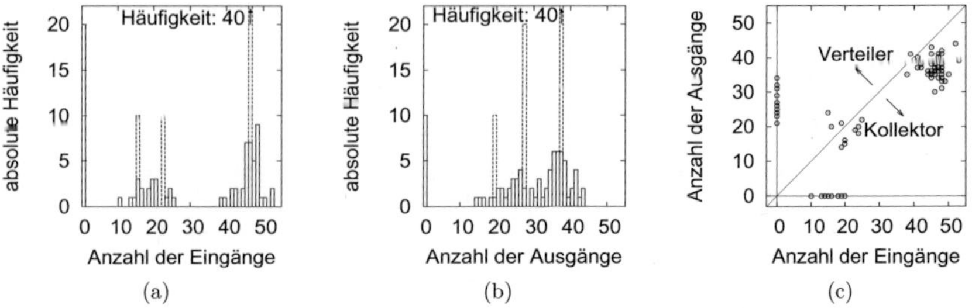

Abbildung 3.3: Eingangs- und Ausgangsgrade der Realisierung des Beispielnetzwerkes aus Abbildung 3.2b. (a) Eingangsgradverteilung, (b) Ausgangsgradverteilung, jeweils mit Erwartungswerten als gestrichelte Linien; (c) Streudiagramm der Knotengrade.

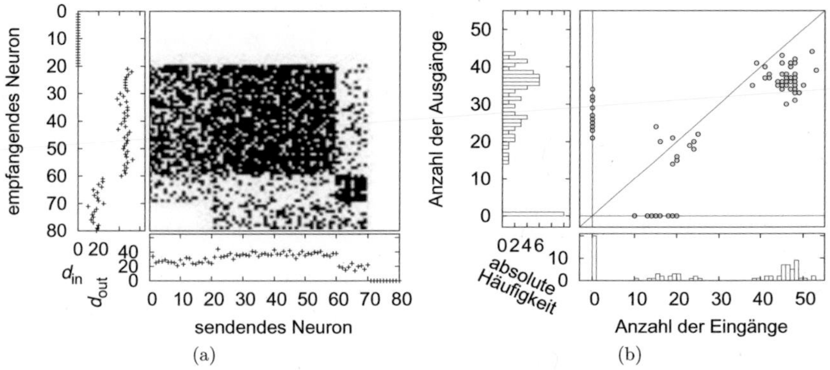

Abbildung 3.4: Kombinierte Diagramme der Neuronengrade. (a) Netzliste aus Abbildung 3.2b mit Eingangs- und Ausgangsgrad der einzelnen Neuronen; (b) Zusammenfassung der Diagramme aus Abbildung 3.3 zu einer kombinierten Darstellung.

mehr Empfänger (Verteiler). Eine vergleichbare Einteilung wurde auch in [105] vorgenommen. Korrelationen der Grade zwischen Knoten können durch Berechnen des mittleren Nächster-Nachbar-Grades (engl. average nearest neighbours degree) [81] beziehungsweise der Verteilung der Grade der Nachbarknoten analysiert werden.

Durch Kombinieren der Verbindungsmatrix mit einer Darstellung der Neuronengrade lassen sich die Populationen zu den verschiedenen Gruppen in den Gradverteilungen zuordnen, siehe Abbildung 3.4a. Eine vergleichbare Kombination des Streudiagramms über Eingangs- und Ausgangsgrad mit den zugehörigen Histogrammen, wie in Abbildung 3.4b gezeigt, ergibt eine kompakte Darstellung der Gradverteilungen eines Netzwerkes und ihrer Beziehung zueinander. Diese beiden kombinierten Diagramme werden für die Charakterisierung von Netzmodellen in Kapitel 4 verwendet.

Clusterkoeffizient Der Clusterkoeffizient c gibt an, welcher Anteil der Nachbarn eines Knotens direkt miteinander verbunden ist. In einem ungerichteten Graphen ist er für jeden Knoten j definiert als [81] Quotient zwischen der Anzahl e_j existierender Kanten zwischen Nachbarn von j und der Anzahl möglicher Verbindungen der Nachbarn untereinander $(\frac{1}{2}d_j \cdot (d_j - 1))$:

$$c(j) = \frac{2 \cdot e_j}{d(j) \cdot (d(j) - 1)} . \tag{3.2}$$

Der Clusterkoeffizient c eines Netzwerks ist der Mittelwert der Clusterkoeffizienten aller seiner Knoten. In der Literatur wird c im Allgemeinen wie oben verwendet, die Definition lässt sich aber sinngemäß auf gerichtete Graphen übertragen. Dazu werden Clusterkoeffizienten jeweils getrennt über die Eingänge und Ausgänge eines Knotens berechnet. Für den Eingangs-Clusterkoeffizienten $c_{\text{in}}(j)$ werden nur Kanten zwischen Eingängen von j gezählt und durch die Anzahl möglicher Kanten, $d_{\text{in}}(j) \cdot (d_{\text{in}}(j) - 1)$, geteilt (man beachte, dass die Anzahl möglicher Kanten hier doppelt so groß ist als für ungerichtete Graphen, da zwei Knoten jetzt durch zwei gerichtete Kanten miteinander verbunden sein können). Die Berechnung des Ausgangs-Clusterkoeffizienten $c_{\text{out}}(j)$ erfolgt analog. In Abbildung 3.5 sind die Clusterkoeffizienten der Neuronen des Beispielnetzwerks dargestellt.

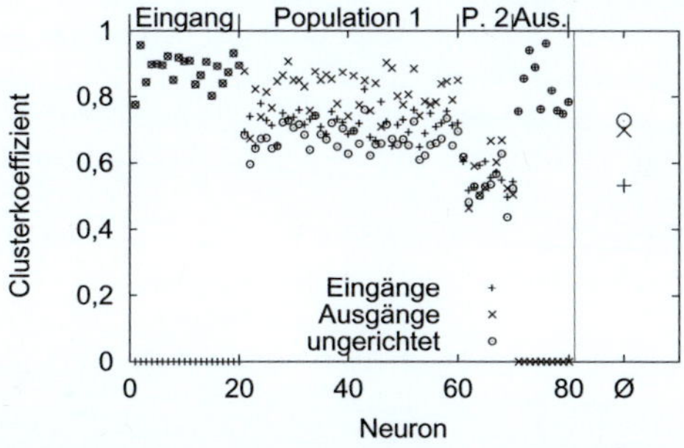

Abbildung 3.5: Clusterkoeffizienten der einzelnen Neuronen des Beispielnetzwerks in Abbildung 3.2b.

Pfadlängen Um die Vernetzung eines Graphen auch global charakterisieren zu können, werden Pfadlängen verwendet [81]. Im Allgemeinen wird dazu für jedes Knotenpaar (i, j) die Länge L_{ij} des kürzesten Pfades zwischen i und j bestimmt, das heißt die Anzahl der Kanten, die die kürzeste Verbindung zwischen beiden Knoten umfasst. Dabei kann auch die Richtung von Kanten berücksichtigt werden, wobei die Pfadlänge im ungerichteten Fall, L_{ij}, immer maximal so groß ist wie im gerichteten Fall, bezeichnet mit L_{ij}^{dir} ($L_{ij} \leq L_{ij}^{\text{dir}}$).

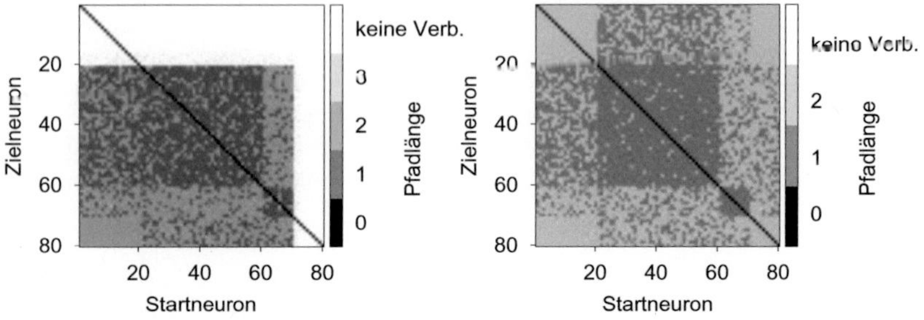

(a) (b)

Abbildung 3.6: Matrix der Pfadlängen für das Beispielnetzwerk in Abbildung 3.2b, (a) für gerichteten Originalgraphen, (b) für zugehörigen ungerichteten Graphen.

Ähnlich der Verbindungswahrscheinlichkeiten (vergleiche Abbildung 3.2) lassen sich die Pfadlängen als Matrix darstellen, wie es Abbildung 3.6 zeigt. In der Literatur werden meist die daraus abgeleiteten Größen „Radius des Graphen", das heißt die maximale Pfadlänge L_{ij} eines Graphen, und mittlere Pfadlänge verwendet [81].

Ein Nachteil bei der Betrachtung von Pfadlängen ist, dass sie für Graphen, die aus nicht miteinander verbundenen Komponenten bestehen, unendlich groß werden. Dadurch divergieren auch der Radius des Graphen und die mittlere Pfadlänge, sodass eine Charakterisierung des Graphen nicht mehr möglich ist. Durch Verwenden der sogenannten „Effizienz", die als Mittelwert der inversen Pfadlängen ($1/L_{ij}$) definiert ist, lässt sich diese Einschränkung umgehen [81].

Beachtung findet die Pfadlänge insbesondere bei den sogenannten Kleine-Welt-Netzen [106], die am Ende dieses Abschnitts kurz diskutiert werden.

Entropie Für zufällige Graphen lässt sich die Entropie E der Verbindungswahrscheinlichkeiten p_{ij} berechnen:

$$E = -\sum_{(i)} \sum_{(j)} (p_{ij} \cdot \mathrm{ld}(p_{ij}) + (1 - p_{ij}) \cdot \mathrm{ld}(1 - p_{ij})) \ . \tag{3.3}$$

Jede Verbindung zwischen zwei Knoten wird dabei als binäres Symbol aufgefasst und seine Shannon-Entropie verwendet. Ein derart definiertes Entropiemaß gibt den mimimalen Speicheraufwand an, der benötigt wird, um eine Realisierung des zufälligen Graphen eindeutig zu identifizieren. Eine gleichbedeutende Definition, ausgedrückt als Entropie der Wahrscheinlichkeitsverteilung einer Menge von Graphen, wurde bereits für die Optimierung von Verbindungsstrukturen verwendet [107]. Wird ein Netzmodell in neuromorpher Hardware umgesetzt, muss das fertige System ebenfalls eindeutig zwischen Realisierungen des Netzmodells unterscheiden können. Die so berechnete Entropie ist damit auch ein Maß für den Speicherbedarf eines stochastischen Netzmodells in einer Hardwarerealisierung.

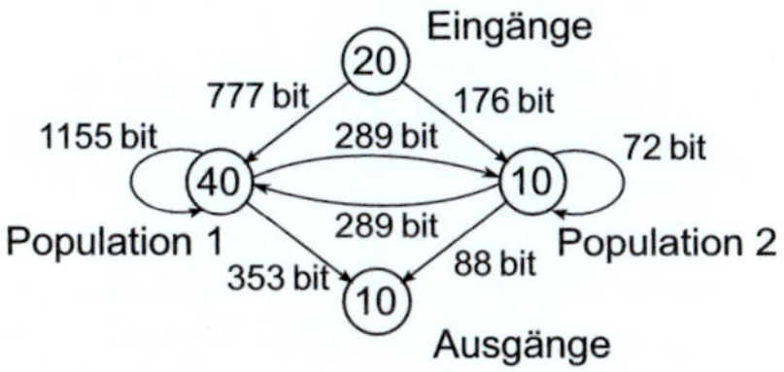

Abbildung 3.7: Entropien der einzelnen Projektionen des Beispielnetzwerks in Abbildung 3.2b.

Abbildung 3.7 stellt die Entropien der einzelnen Projektionen für das Beispielnetzwerk dar. Für das gesamte Netzwerk ergibt sich daraus eine Entropie von 3,2 kbit. Da sich die Verbindungswahrscheinlichkeiten nur wenig unterscheiden, hängt der Beitrag einer Projektionen im Wesentlichen von der Anzahl der insgesamt möglichen Verbindungen ab.

Das oben eingeführte Entropiemaß unterscheidet sich grundlegend von den Definitionen für die Entropie von Graphen, die in der Literatur zu finden sind [108, 109]. Diese basieren auf einer Wahrscheinlichkeitsverteilung über einem Graphen (zum Beispiel über dessen Knoten), die eine bestimmte, vom Graphen unabhängige Eigenschaft beschreibt. Die Entropie der Wahrscheinlichkeitsverteilung dient dann als Maß für die Komplexität dieser Eigenschaft, ist aber kein Maß für die Komplexität des Graphen selbst.

weitere Kenngrößen Die bisherigen Abschnitte haben die Kenngrößen von Graphen zusammengefasst, die weit verbreitet oder für den Hardwareentwurf relevant sind. Daneben wurde eine Vielzahl weiterer Eigenschaften für Graphen definiert (siehe dazu die Übersichten in [81, 82]). Die Motivation hinter diesen Definitionen ist häufig, eine Beziehung zwischen den strukturellen Eigenschaften eines Systems und seinem Verhalten herzustellen.

Ein wichtiges Beispiel dafür ist die „Kleine-Welt-Eigenschaft" (engl. small-world property) [106]. Diese gilt für Netzwerke, die sowohl eine lokale Vernetzung mit hohem Clusterkoeffizienten, als auch eine geringe mittlere Pfadlänge aufweisen. Die geringe Pfadlänge sorgt für eine schnelle Verbreitung von Signalen im Graphen. Sie kann in einem lokal vernetzten Graph bereits durch einen geringen Anteil an zufällig gezogenen Verbindungen erreicht werden [106]. Einige Autoren argumentieren dafür, dass auch die Vernetzung der Neuronen im Gehirn diese Eigenschaft auszeichnet [72, 110], da dadurch eine schnelle Informationsverteilung bei einer relativ geringen Gesamtlänge der Verbindungen erreichbar sei [104].

Graphen können auch anhand typischer Verbindungsmuster zwischen Knoten charakterisiert werden [111]. Diese sogenannten Motive (engl. motifs) umfassen im Allgemeinen zwei bis vier Knoten. Die Häufigkeiten der einzelnen Motive charakterisieren einen Graphen und lassen sich untereinander vergleichen [111, 110]. Über die Auswirkungen der Motivverteilung auf die Funktion eines Systems gibt es jedoch nur Vermutungen.

Eine weitere, globale Analysemethode betrachtet die Eigenwerte der Verbindungsmatrix oder aus ihr abgeleiteter Matrizen. Die Gesamtheit der Eigenwerte wird dabei als Spektrum eines Graphen bezeichnet [81]. Aus ihm lassen sich viele andere Eigenschaften eines Graphen detektieren, sowie seine Struktur visualisieren [112].

3.2 Rent's Rule

3.2.1 Motivation und Einführung

Rent's Rule beschreibt den empirischen Zusammenhang zwischen der Anzahl von Elementen in einem Teil (Partition) eines Systems und der Anzahl seiner Verbindungen nach außen. Derartige Untersuchungen gehen auf E.F. Rent bei IBM zurück und wurden erstmals 1971 von Landman und Russo [113] veröffentlicht. Bei der Untersuchung von Schaltkreisen zeigte sich, dass die Anzahl der Grundelemente G (Logikgatter) und die Anzahl Pins des Schaltkreises T im Mittel über ein Potenzgesetz miteinander zusammenhingen:

$$T(G) = \overline{T} \cdot G^r \, . \tag{3.4}$$

Der Parameter $\overline{T}$ gibt dabei die mittlere Anzahl von Pins pro Grundelement an, während der sogenannte Rent-Exponent r das Anwachsen der Pinanzahl mit der Partitionsgröße (G) beschreibt. Da eine größere Anzahl Pins im Allgemeinen mit einem höheren Verdrahtungsaufwand verbunden ist, erweisen sich niedrige Rent-Exponenten als vorteilhaft bei der Skalierung eines Systems. r kann damit auch als Maß für die Verbindungskomplexität angesehen werden.

Während die ursprüngliche Aufstellung von Rent's Rule die Skalierung der Pinanzahl eines Systems nach außen hin beschreibt, lassen sich derartige Betrachtungen auch zur Charakterisierung der Verbindungsstruktur im Innern eines Systems, das heißt eines beliebigen Netzwerks, verwenden [114]. Grundsätzlich lässt sich damit zwischen äußerem und innerem Rent-Exponenten unterscheiden [115], wobei sich die folgenden Betrachtungen ausschließlich auf letzteren konzentrieren.

Um Rent's Rule auf die (innere) Verbindungsstruktur eines beliebigen Netzwerks anwenden zu können, muss dieses in Partitionen aufgeteilt werden. Dafür gibt es prinzipiell zwei Wege: Ist eine geometrische Anordnung des Netzwerks vorhanden, kann der darunterliegende Raum durch Schnitte aufgeteilt und damit Netzwerkpartitionen erzeugt werden. Alternativ dazu lassen sich die Knoten eines Netzwerks mit Hilfe eines Partitionierungsalgorithmus in Gruppen aufteilen. Dieser minimiert die Anzahl der Verbindungen zwischen den Partitionen, was einer Minimierung des Rent-Exponenten entspricht [114]. Da eine solche abstrakte Partitionierung nicht an geometrische Beschränkungen gebunden ist, ist zu erwarten, dass sie mindestens genauso gute Ergebnisse wie eine geometrische Partitionierung liefert [115]. Üblicherweise teilt ein Partitionierungsalgorithmus ein System in zwei (ungefähr gleich große) Teile auf und wird dann rekursiv auf die entstehenden Partitionen angewendet (sogenannte rekursive Bipartitionierung [114]). Dadurch ergibt sich ein binärer Partitionierungsbaum. Alle Partitionierungen in dieser Arbeit wurden mit dem hMetis-Paket durchgeführt [116], das gute Partitionierungsergebnisse bei vergleichsweise geringem Rechenaufwand erreicht.

Für jede Partition j lassen sich die Anzahl der Grundelemente G_j, das heißt der Knoten einer Partition, und die Anzahl der Pins T_j, das heißt der Verbindungen zwischen der Partition und dem restlichen Netzwerk, bestimmen. Diese Werte lassen sich anschaulich in der Verbindungsmatrix des Netzwerks veranschaulichen und gesammelt über alle Partitionen j als Streudiagramm darstellen, wie es Abbildung 3.8 zeigt. Um zu einem mittleren Wert für die Pinanzahl bei einer bestimmten Partitionsgröße G zu gelangen, könnte prinzipiell

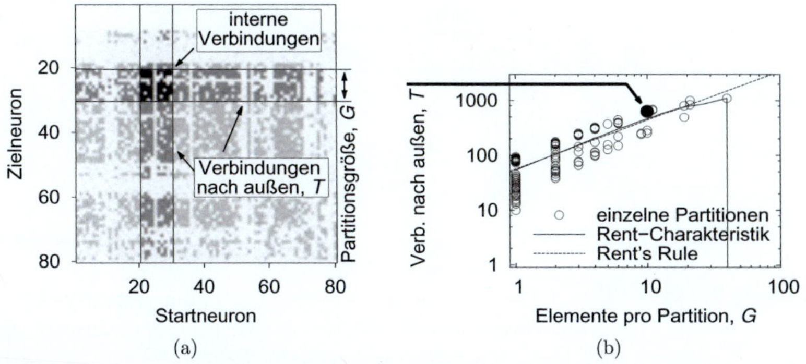

Abbildung 3.8: Vorgehen zur Ermittlung der Rent-Parameter: (a) Bestimmen der Kenngrößen einer Partition aus der Verbindungsmatrix, (b) Rent-Charakteristik des Beispielnetzwerks.

der Durchschnitt aller Partitionen mit $G_j = G$ gebildet werden. Allerdings umfassen diese Partitionen nicht notwendigerweise das gesamte Netzwerk, was zu Verzerrungen zwischen unterschiedlichen Partitionsgrößen führen kann. Deshalb wird im Folgenden die in [114] beschriebene Methode verwendet. Diese teilt rekursiv die größte Partition der aktuellen Partitionierung in zwei Teile, um so zur nächstfeineren Partitionierung zu gelangen. Dieses Vorgehen stellt sicher, dass jede Partitionierung alle Knoten des Netzwerks umfasst und hält gleichzeitig die Partitionsgrößen in einer Partitionierung möglichst ähnlich. Durch arithmetische Mittelung über die G_j und T_j der Partitionen einer Partitionierung ergibt sich ein durchschnittlicher Verlauf $T(G)$, der im Folgenden als *Rent-Charakteristik* bezeichnet wird. Dieser ist ebenfalls in das Diagramm in Abbildung 3.8b eingetragen.

Folgt die Rent-Charakteristik einem Potenzgesetz wie in Gleichung (3.4), ergibt sich in doppeltlogarithmischem Maßstab eine Gerade. Aus dieser kann durch Minimieren der quadratischen Abweichung die Rent-Parameter $\overline{T}$ und r bestimmt werden. Dabei bestimmt $\overline{T}$ den Schnittpunkt der Geraden mit der Ordinate ($G = 1$, das heißt $\log(G) = 0$) und r legt ihren Anstieg fest. Um Randeffekte bei der Bestimmung der Rent-Parameter zu vermeiden (siehe Diskussion unten), wird iterativ der momentane Endpunkt der Rent-Charakteristik (größtes G) entfernt, solange dieser von der berechneten Gerade relativ um mehr als einen Wert ϵ_r abweicht. Für die Berechnungen in dieser Arbeit wird dabei $\epsilon_r = 5\,\%$ verwendet. Eine Anwendung dieser Methode auf Modelle für neuronale Netze ist in [3] beschrieben.

In doppeltlogarithmischem Maßstab folgt die Rent-Charakteristik des Beispielnetzwerks (Abbildung 3.8b) zum größten Teil einer Gerade, entspricht also dem angenommenen Potenzgesetz aus Gleichung (3.4). Lediglich wenn die Partitionsgröße G sich der Netzwerkgröße N nähert bricht der lineare Anstieg abrupt ab. Grund dafür ist, dass es im Gesamtnetzwerk keine Verbindungen zwischen Partitionen gibt. Das heißt, es gilt $T(G = N) = 0$. Werden Ein- und Ausgänge aus dem Netzwerk herausgenommen und als vom Netzwerk getrennt betrachtet, weist auch die globale Partition Pins auf. Trotzdem ist auch hier meist

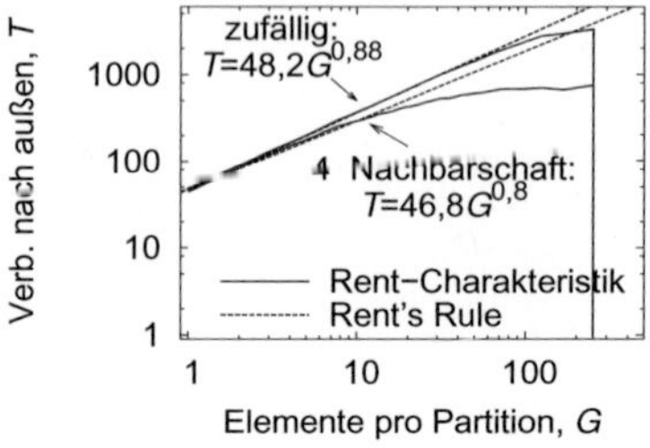

Abbildung 3.9: Rent-Charakteristiken von zweistufigen Verbindungsstrukturen. Die erste Stufe bilden Populationen mit jeweils 10 Neuronen, die untereinander vollvernetzt sind. Auf einer zweiten Stufe werden 100 von ihnen in einem Gitter der Größe 10×10 angeordnet. Jede Population erhält 4 vollvernetzte Projektionen mit anderen Populationen. Deren Auswahl erfolgt entweder zufällig oder anhand der nächsten Nachbarn (4-Nachbarschaft).

eine Veränderung in der Rent-Charakteristik zu beobachten, die auf die Anpassung der internen Netzwerkstruktur an die (im Allgemeinen anderen Bedingungen unterworfene) Kopplung des Netzwerks nach außen zurückzuführen ist [115].

Solche Übergänge können auch innerhalb des Netzwerks auftreten. Verursacht werden sie durch unterschiedliche Verbindungsstrukturen auf verschiedenen Abstraktionsebenen (mikroskopisch/makroskopisch). Im Umkehrschluss führt eine Selbstähnlichkeit innerhalb einer Netzwerkstruktur zu einer uniformen Rent-Charakteristik ohne innere Übergänge. Abbildung 3.9 veranschaulicht diese Eigenschaft. Dazu wurde eine zweistufige Verbindungsstruktur mit unterschiedlichen Rent-Exponenten erzeugt. Auf der ersten Stufe sind Populationen von 10 Neuronen vollvernetzt, was einem Rent-Exponenten von $r = 1$ entspricht. Sind diese Populationen zufällig miteinander verbunden, woraus wiederum $r = 1$ abgeleitet werden kann, ist kein Übergang erkennbar. In diesem Fall beschreibt ein einzelnes Potenzgesetz die Rent-Charakteristik in guter Näherung. Erhalten Populationen dagegen nur Verbindungen mit ihren nächsten Nachbarn, ergibt sich ein Rent-Exponent von $r = 1/2$ auf globaler Ebene. Dadurch entstehen in der Rent-Charakteristik zwei Bereiche, die sich durch ihren Anstieg, das heißt ihren (bereichsspezifischen) Rent-Exponenten, unterscheiden. Daraus ist ersichtlich, dass ein einzelnes Potenzgesetz, wie es durch Rent's Rule ausgedrückt wird, unter Umständen nicht ausreichend für die Beschreibung der Verbindungsstruktur ist. Deshalb wird für die Untersuchungen in dieser Arbeit immer die Rent-Charakteristik herangezogen.

Wie bereits erwähnt kann der Rent-Exponent als Maß für die Verbindungskomplexität angesehen werden. Dies lässt sich auch geometrisch motivieren: In einem zweidimensionalen Raum verhält sich bei der Skalierung einer Fläche der Umfang, der die Anzahl der möglichen Verbindungen T nach außen bestimmt, proportional zur Seitenlänge. Dagegen wächst die Fläche, die die Anzahl der Elemente G innerhalb des Körpers bestimmt, quadratisch mit der Seitenlänge. Dadurch ergibt sich bei gleichbleibenden Element- und Verbindungsdichten die Beziehung $G \sim T^2$ oder $T \sim G^{1/2}$, das heißt $r = 1/2$. Für einen dreidimensionalen

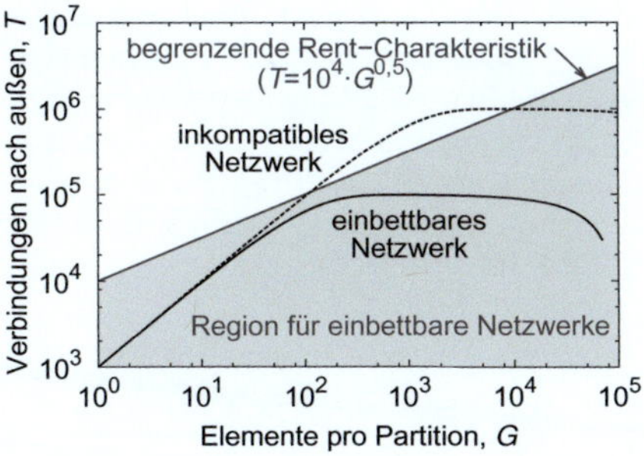

Abbildung 3.10: Veranschaulichung der begrenzenden Rent-Charakteristik

Raum lässt sich mit einer sinngemäßen Beziehung zwischen Oberfläche (proportional zur Verbindungsanzahl T) und Volumen (proportional zur Elementanzahl G) der Exponent $r = 2/3$ ableiten [114]. Allgemein gilt für einen D-dimensionalen Raum: $r = 1 - 1/D$ [117].

Zu beachten ist bei diesen Betrachtungen, dass T hier die maximale Anzahl an Verbindungen nach außen angibt, für die die gegebene Verbindungsdichte nicht überschritten wird. Ein tatsächlich in einem bestimmten Raum eingebettetes (endlich großes) Netzwerk kann einen beliebigen Rent-Exponenten aufweisen, seine Rent-Charakteristik wird aber für keine Partitionsgröße die zugehörige maximale Verbindungsanzahl des Raumes überschreiten.

Dieser Zusammenhang ist in Abbildung 3.10 veranschaulicht. Für ein gegebenes Substrat, das heißt einen D-dimensionalen Raum mit gegebener Element- und Verbindungsdichte, lässt sich eine Rent-Charakteristik $T_{\mathrm{sub}}(G)$ berechnen, die die Verbindungsanzahl für jede Partitionsgröße beschränkt. Diese wird im Folgenden als *begrenzende Rent-Charakteristik* bezeichnet. Ein Netzwerk mit einer Rent-Charakteristik $T(G)$ ist nur dann in ein bestimmtes Substrat einbettbar, wenn $T(G) \leq T_{\mathrm{sub}}(G)$ für alle G gilt. Das ist allerdings keine hinreichende Bedingung für die Realisierbarkeit des Netzes im Substrat, das heißt es wird keine Aussage getroffen, ob eine Anordnung von Verbindungsleitungen zur Realisierung des Netzwerks tatsächlich existiert.

Da der Rent-Exponent auf der Dimension des Substrates basiert, lässt sich der Anstieg der Rent-Charakteristik im Allgemeinen nicht beeinflussen. Dagegen kann ihr Absolutwert, zum Beispiel ausgedrückt in der Anzahl der Verbindungen pro Neuron $T_{\mathrm{sub}}(1)$, einfacher verändert werden, da er von den Dichten des Substrates abhängt. Verringert man beispielsweise die Dichte der Elemente im Substrat, erhöht sich der Wert für $T_{\mathrm{sub}}(1)$, da dann pro Element mehr Fläche für Verbindungen zur Verfügung steht.

Abschnitt 3.2.3 entwickelt eine begrenzende Rent-Charakteristik für die Großhirnrinde, die in Kapitel 4 zum Vergleich mit Netzmodellen herangezogen wird.

3.2.2 Alternative Interpretationen

Die im vorangegangenen Abschnitt eingeführte Variante der Rent-Charakteristik definiert T als die Anzahl der Verbindungen einer Partition von/nach außen. Laut Lanzerotti et al.

verwendeten die ursprünglichen Arbeiten von E.F. Rent eine andere Interpretation. Danach ist T die Summe der Pins aller Grundelemente einer Partition [118]. Diese Definition führt jedoch dazu, dass nicht mehr zwischen lokalen, in der Partition verbleibenden Verbindungen und Verbindungen über Partitionsgrenzen hinweg unterschieden wird. Effektiv sind G und T unabhängig von der Einteilung der Elemente in Partitionen, da sie sich jeweils durch Mittelung über alle N Elemente des Netzwerks ergeben. Beide hängen damit nur von der Anzahl der Partitionen K einer Partitionierung ab:

$$G = \frac{N}{K}\,,\; T = \frac{1}{K}\sum_{j=1}^{N}(d_{\text{in}}(j) + d_{\text{out}}(j)) \;\rightarrow\; T = \underbrace{\frac{1}{N}\sum_{j=1}^{N}(d_{\text{in}}(j) + d_{\text{out}}(j))}_{\overline{T}} \cdot G^1\,. \tag{3.5}$$

Es gilt damit immer $r = 1$, was auch den von Lanzerotti et al. gefundenen Werten entspricht (vergleiche p_R in Tabelle V von [118]). Folglich lassen sich Aussagen bezüglich der Verbindungskomplexität nur anhand der mittleren Anzahl an Verbindungen pro Element, $\overline{T}$, treffen. Auf diesen Umstand aufbauend hat Beiu die Skalierung der Anzahl an Verbindungen im Gehirn untersucht und sich dabei auf die Arbeit in [118] bezogen [73]. Effektiv verwendet er die Interpretation in [118] gar nicht, sondern untersucht die Skalierung des Rent-Parameters $\overline{T}$ zwischen Netzwerken (beziehungsweise Gehirnen) unterschiedlicher Größe. Die aus der originalen Interpretation abgeleitete Beziehung zwischen Rent-Exponent r und der Verbindungskomplexität eines Netzwerks im Sinne der Verteilung/Lokalität seiner Verbindungen wird in [73] nicht betrachtet.

Diese Verteilung der Verbindungen eines Netzwerks ist aber entscheidend für die Implementierbarkeit eines Netzwerks in einem gegebenen Substrat (vergleiche Diskussion zum Rent-Exponent in Abschnitt 3.2.1). Allerdings ist die in Abschnitt 3.2.1 verwendete Definition von T eine ineffiziente Implementierung, speziell in neuronalen Netzen: Jede Verbindung zwischen zwei Neuronen wird separat gezählt; in einer effizienten Implementierung würden dagegen alle Verbindungen vom gleichen Senderneuron mit nur einer physischen Verbindung an eine Partition gesendet und innerhalb der Partition, das heißt lokal, an die empfangenden Neuronen verteilt. Dies entspricht auch der Baumstruktur der Axone im Gehirn (vergleiche Abschnitt 2.2). Für die Ermittlung der Pins einer Partition bedeutet dies, dass alle Verbindungen vom selben Senderneuron zusammen nur ein Pin pro verbundener Partition benötigen. Dies lässt sich mit sogenannten Hypergraphen modellieren [82]. Deren Hyperkanten können statt einem einzelnen beliebig viele Zielknoten enthalten. Alle ausgehenden Verbindungen eines Neurons werden damit durch eine Hyperkante repräsentiert. Bei der Charakterisierung von Logikschaltungen ist ein solcher Ansatz nicht zwingend erforderlich, da die Ausfächerung zwischen Logikgattern im Allgemeinen gering bleibt [119]. Neuronale Netze hingegen sind durch massive Ausfächerung von Verbindungen (Axonen) gekennzeichnet (vergleiche Abschnitt 2.2), so dass sich die Untersuchung mit Hyperkanten grundlegend von der mit einfachen Kanten unterscheidet.

Statt auf das Senderneuron bezogen zu sein, können die Hyperkanten prinzipiell auch auf das empfangende Neuron zentriert werden. Dann enthält eine Hyperkante alle an ein Empfängerneuron sendende Neuronen. Im Gehirn würde dies der Baumstruktur der Dendriten entsprechen. Da jedoch Axone räumlich deutlich weiter verzweigt sind als die relativ lokal um ein Neuron angeordneten Dendriten (vergleiche Abschnitt 2.2), kann näherungs-

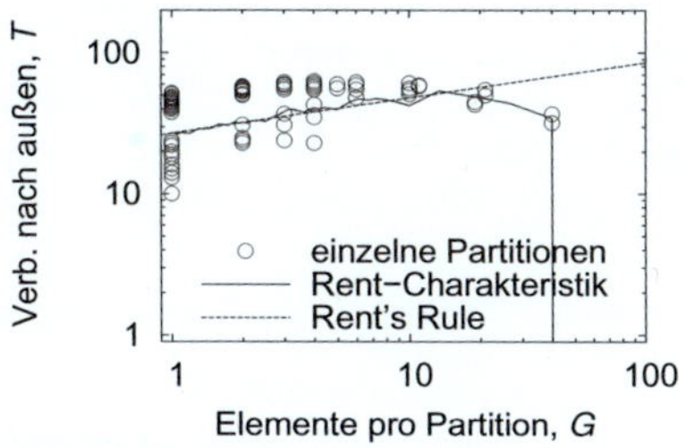

Abbildung 3.11: Rent-Charakteristik des Beispielnetzwerks bei Partitionierung mit Hyperkanten.

weise angenommen werden, dass sich die Verzweigungen der Dendriten innerhalb einer Partition befinden. Deshalb werden im Folgenden nur die Verzweigungen der Axone betrachtet, das heißt die Hyperkanten auf das Senderneuron zentriert. Die Anzahl der Hyperkanten, die eine Partition empfängt, wird dabei mit T_H bezeichnet.

Eine Folge der Verwendung von Hyperkanten ist, dass die Pinanzahl T_H maximal die Anzahl der Neuronen im Netzwerk erreichen kann, da es nur so viele verschiedene Senderneuronen gibt. Dadurch ergibt sich meist nicht mehr eine durchgehende Gerade, da T_H bei N sättigt. Das Potenzgesetz aus Gleichung (3.4) gilt damit nur noch in einem eng begrenzten Bereich. Deshalb ist in diesem Fall eine Betrachtung der gesamten Rent-Charakteristik notwendig. Abbildung 3.11 zeigt diese für das Beispielnetzwerk. Die Rent-Charakteristik weist keine Sättigung auf, was auf die geringe Netzgröße zurückzuführen ist. Weiterhin gilt zu beachten, dass $\overline{T}_H$ dem mittleren Eingangsgrad eines Neurons entspricht, während $\overline{T}$ die Summe aus mittlerem Eingangs- und Ausgangsgrad darstellt.

Durch Gegenüberstellung der Rent-Charakteristiken für einfache Kanten ($T(G)$) und Hyperkanten ($T_H(G)$) lässt sich die mittlere Ausfächerung einer Hyperkante auf Neuronen innerhalb einer Partition berechnen. Zu beachten ist dabei, dass bei der gewählten Partitionierungsmethode jede Verbindung in T doppelt eingeht, da sie sowohl in der Sender- als auch in der Empfängerpartition gezählt wird. Die mittlere Ausfächerung F bei einer bestimmten Partitionsgröße G ergibt sich dann als:

$$F(G) = \frac{T}{2 \cdot T_H} = \frac{\overline{T}}{2 \cdot \overline{T}_H} \cdot G^{(r-r_H)} , \tag{3.6}$$

wobei der rechte Teil der Gleichung nur im begrenzten Gültigkeitsbereich des Potenzgesetzes für Mehrpunktnetze gilt.

Wie oben eingeführt, repräsentiert die Rent-Charakteristik mit Hyperkanten die effizienteste Realisierung eines Netzwerks. Das heißt, der Ausgang eines Senderneurons wird mit nur einer Verbindung an eine Partition gesendet und dort an mehrere Unterpartitionen beziehungsweise Neuronen verteilt. Die Anzahl an Verzweigungen an Zielneuronen ist dabei durch die Ausfächerung $F(G)$ angegeben. Aus dieser Argumentation ist ein aussagekräftiger Vergleich mit der begrenzenden Rent-Charakteristik eines bestimmten Substrats möglich: Wenn selbst die effizenteste Aufteilung eines Netzwerks in Partitionen, repräsentiert durch seine Rent-Charakteristik mit Hyperkanten, nicht mit der begrenzenden Rent-Charakteristik kompatibel ist, kann das Netzwerk nicht im Substrat realisiert werden

Für biologisch realistische neuronale Netze ist das Gehirn das relevante Substrat. Der folgende Abschnitt entwickelt dafür ein Modell einer begrenzenden Rent-Charakteristik.

3.2.3 Zusammenhang mit biologischen Skalierungsregeln

Wie in Abschnitt 3.2.1 eingeführt, ist die Verbindungskomplexität in einem gegebenen Substrat begrenzt durch seine Dimension und seine Verbindungs- und Elementdichte. Dies folgt aus den Korrespondenzen der Partitionsgröße G mit dem Rauminhalt und der Pinanzahl T mit dem Oberflächeninhalt. Daraus lässt sich mit geometrischen Betrachtungen eine begrenzende Rent-Charakteristik $T_{\text{sub}}(G)$ für ein Substrat ableiten. Diese soll im Folgenden für Gehirnstrukturen entwickelt werden. Ein Überblick über die dabei erhaltenen Ergebnisse und ihre Auswirkungen auf die Modellierung von Verbindungsstrukturen im Gehirn wurde in [5] veröffentlicht.

Wie in Abschnitt 2.2 erläutert, besteht der Kortex in Säugetieren aus grauer und weißer Materie. Die graue Materie enthält dabei die Neuronen und befindet sich als gefaltete Schicht ungefähr konstanter Dicke auf der Außenseite des Kortex, während die weiße Materie nur Axone enthält und das Innere des Kortex ausfüllt. Für die folgende Herleitung wird zunächst nur die graue Materie betrachtet. Diese wird, alle Krümmungen vernachlässigend, als unendlich ausgedehnter Quader mit fester Dicke h_c modelliert, wie Abbildung 3.12 zeigt.

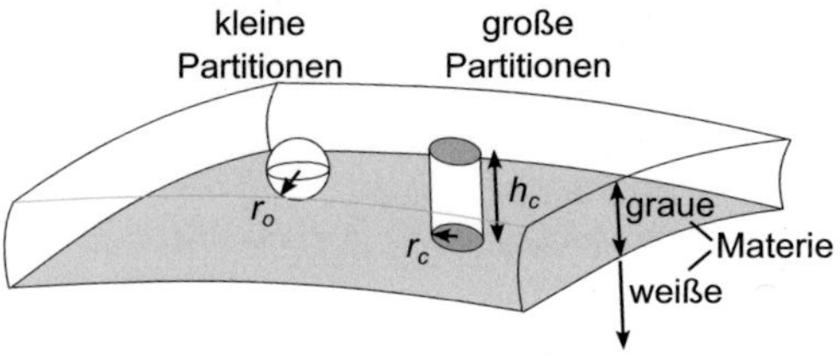

Abbildung 3.12: Veranschaulichung des geometrischen Modells für die begrenzende Rent-Charakteristik der grauen Materie.

Allgemein ergibt sich die Anzahl der Neuronen G in einer Partition mit Volumen V über die Neuronendichte ρ_N:

$$G = \rho_N \cdot V \ . \tag{3.7}$$

In ähnlicher Weise hängt die maximale Anzahl an Verbindungen über die Partitionsgrenze, T_{sub}, vom Oberflächeninhalt A der Partition ab:

$$T \leq T_{\text{sub}} = \frac{A}{A_T} \ , \tag{3.8}$$

wobei A_T den mittleren Querschnitt einer Verbindung angibt. Unter Annahme von Axonen mit Kreisquerschnitt vom Durchmesser d_a, ergibt sich für diesen: $A_T = \pi/4 \cdot d_a^2$.

Die Form der Partition ist prinzipiell beliebig. Um eine möglichst begrenzende, und damit aussagekräftige, Rent-Charakteristik zu erhalten, sollte die Oberfläche der Partition bei konstantem Volumen jedoch möglichst klein sein. Ohne weitere Beschränkungen ist eine Kugel in dieser Hinsicht optimal. Dieser Fall gilt für kleine Partitionen. Für große Partitionen ist die Ausdehnung einer Partition allerdings durch die Höhe des Kortexquaders begrenzt. In diesem Fall ist ein Kreiszylinder die optimale Form, da er die geringste Seitenfläche aufweist. Diese Fallunterscheidung ist in Abbildung 3.12 veranschaulicht.

Für kleine Partitionen gilt anhand der Gleichungen für eine Kugel mit Radius r_o:

$$V_o = \frac{4}{3}\pi \cdot r_o^3\,, \quad A_o = 4\pi \cdot r_o^2\,. \tag{3.9}$$

Einsetzen dieser Zusammenhänge in die Gleichungen (3.7) und (3.8) und Umstellen nach T_{sub} liefert die begrenzende Rent-Charakteristik für diesen Bereich:

$$T_o(G_o) = \frac{4}{d_a^2} \cdot \left(\frac{6}{\pi \cdot \rho_N}\right)^{2/3} \cdot G_o^{2/3} = \bar{T}_o \cdot G_o^{1/2}\,. \tag{3.10}$$

Diese Gleichung gilt nur für Kugeln, deren Durchmesser kleiner als die Höhe der grauen Materie h_c ist, was einer Partitionsgröße von $G = 1/6 \cdot \pi\rho_N h_c^3$ entspricht. Da die Partition in keiner Raumrichtung beschränkt wird, ergibt sich der Rent-Exponent eines dreidimensionalen Systems, das heißt $r = 2/3$.

Für große Partitionen umfasst das zugehörige Zylindervolumen die gesamte Höhe der grauen Materie (siehe Abbildung 3.12). Werden die Verbindungen zur weißen Materie vernachlässigt, gibt es nur Verbindungen durch die Mantelfläche des Zylinders, so dass sich die Beziehungen:

$$V_c = \pi h_c \cdot r_c^2\,, \quad A_c = 2\pi h_c \cdot r_c \tag{3.11}$$

ergeben, die zur gewünschten Rent-Charakteristik führen:

$$T_c(G_c) = \frac{8}{d_a^2} \cdot \left(\frac{h_c}{\pi \cdot \rho_N}\right)^{1/2} \cdot G_c^{1/2} = \bar{T}_c \cdot G_c^{1/2}\,. \tag{3.12}$$

Durch die feste Höhe des Zylinders und die fehlenden Verbindungen durch Grund- und Deckfläche entfällt somit eine Dimension des Kortexquaders komplett, so dass sich mit $r = 1/2$ der Rent-Exponent eines zweidimensionalen Systems ergibt.

Die Rent-Charakteristik eines beliebigen Netzwerks darf keine der beiden Lösungen überschreiten. Damit ergibt sich eine zweiteilige begrenzende Rent-Charakteristik mit dem Übergangspunkt:

$$G_{\text{is}} = \frac{4}{81}\pi \cdot h_c^3 \cdot \rho_N\,. \tag{3.13}$$

Diese ist in Abbildung 3.13 für Parameter des menschlichen Gehirns dargestellt.

Die Parameter der begrenzenden Rent-Charakteristik müssen auf die jeweilige Spezies angepasst werden. Da die Rent-Exponenten parameterunabhängig sind, hat dies nur Einfluss auf die Zahl der Verbindungen pro Neuron, ausgedrückt in $\overline{T}_c$ und $\overline{T}_o$. Für einen

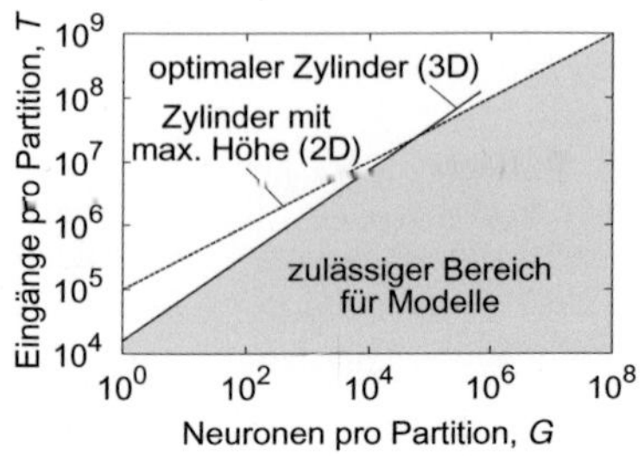

Abbildung 3.13: Begrenzende Rent-Charakteristik für Parameter des menschlichen Gehirns. Neuronendichte $\rho_N = 44,0 \cdot 10^6\,\mathrm{cm}^{-3}$ und Höhe der grauen Materie $h_c = 2,69\,\mathrm{mm}$ aus [120]. Als Axondurchmesser wurde $d_a = 1\,\mu\mathrm{m}$ gewählt. Abbildung 1E in [121] bestätigt diese Größenordnung; unabhängig davon lässt sich eine obere Schranke für den Axonquerschnitt von $1\,\mu\mathrm{m}^2$ aus der Axondichte berechnen, die für die graue Materie $1\,\mathrm{km/mm}^3$ beträgt [31].

Vergleich zwischen Spezies bietet sich dazu das Einsetzen der in Abschnitt 2.2 eingeführten Skalierungsregeln für Säugetiere an. Man erhält:

$$\overline{T}_c \sim \frac{h_c^{1/2}}{d_a^2 \cdot \rho_N^{1/2}} \sim \frac{N^{1/12}}{N^{1/3} \cdot N^{-1/4}} \qquad \rightarrow \overline{T}_c \sim \mathrm{const}(N) \qquad (3.14)$$

$$\overline{T}_o \sim \frac{1}{d_a^2 \cdot \rho_N^{2/3}} \sim \frac{1}{N^{1/3} \cdot N^{-1/3}} \qquad \rightarrow \overline{T}_o \sim \mathrm{const}(N)\ . \qquad (3.15)$$

Daraus folgt, dass die begrenzende Rent-Charakteristik unabhängig von der Anzahl der Neuronen im Gehirn, N, und damit unabhängig von der Spezies ist. Das heißt, die Skalierung geometrischer Parameter hebt sich näherungsweise auf, so dass eine Partition mit der gleichen Anzahl an Neuronen immer die gleiche maximale Anzahl an Axonen von außerhalb erhalten kann.

Ursache für die Invarianz ist, dass die Neuronendichte abnimmt, wodurch das durchschnittliche Volumen pro Neuron steigt, gleichzeitig aber auch der Axonquerschnitt und die Höhe der grauen Materie zunehmen. Dass der Axonquerschnitt in Gehirnen mit mehr Neuronen abnimmt, könnte durch das Aufrechterhalten einer konstanten Übertragungszeit bei axonalen Verbindungen begründet sein, für die zum Beispiel in [75] argumentiert wird: Durch das größere Gehirnvolumen werden die Axone länger, was durch eine höhere Übertragungsgeschwindigkeit ausgeglichen werden muss, die wiederum durch Erhöhen des Axondurchmessers erreicht wird.

Beim Bewerten der Invarianz der begrenzenden Rent-Charakteristik ist zu beachten, dass dieses Ergebnis aus den in [72] zusammengestellten Skalierungsregeln abgeleitet wurde. Die Exponenten dieser Skalierungsregeln sind jedoch empfindlich gegen Messungenauigkeiten und deshalb mit Unsicherheiten behaftet (vergleiche zum Beispiel die abweichenden Ergebnisse in [122]). Unabhängig von den genauen Zahlen existiert aber eine ausgleichende Tendenz zwischen Neuronendichte, Höhe der grauen Materie und Axonquerschnitt. Die

Annahme einer näherungsweise konstanten Rent-Charakteristik ist deshalb gerechtfertigt. Eine praktische Konsequenz dieser Annahme ist, dass die begrenzende Rent-Charakteristik ohne Modifikation auf Modelle für beliebige Spezies angewendet werden kann.

Beim Einsatz der begrenzenden Rent-Charakteristik müssen die Grenzen ihrer Aussagefähigkeit beachtet werden: Sie berücksichtigt die Ausdehnung der Dendriten nicht und kann deshalb für kleine Partitionen zu restriktiv sein. Da Dendriten typischerweise maximal einige 100 μm ausgedehnt sind (siehe zum Beispiel Abbildungen 1.2.3., 1.2.4. und 1.3.3. in [60]), gilt dies für Partitionsgrößen bis höchstens 10^5 Neuronen. Darüberhinaus wurden Verbindungen über die weiße Materie nicht berücksichtigt, das heißt die begrenzende Rent-Charakteristik bezieht sich nur auf die Verbindungen innerhalb der grauen Materie. Dies ist jedoch für die meisten der in Kapitel 4 untersuchten Modelle ausreichend. Zusätzlich können Verbindungen aus der weißen Materie lediglich über die Deckfläche der Zylinderpartition (vergleiche Abbildung 3.12) in das Partitionvolumen gelangen. Diese Deckfläche beträgt $A_d = \pi \cdot r_c^2$. Daraus ergibt sich eine Rent-Charakeristik von:

$$T_w(G) = \frac{4}{\pi \cdot \rho_N h_c d_a^2} = \bar{T}_w \cdot G^1 \,. \tag{3.16}$$

Durch den Rent-Exponenten von 1 übersteigt diese Rent-Charakteristik ab einer bestimmten Partitionsgröße die oben berechnete begrenzende Rent-Charakteristik. Der Schnittpunkt der beiden Kurven liegt bei:

$$G_{\mathrm{wlim}} = 4\pi \cdot \rho_N h_c^3 \,. \tag{3.17}$$

Bei dieser Partitionsgröße können ebensoviele Axone aus der weißen Materie mit der Partition verbinden wie Axone aus der grauen Materie. Für die in Abbildung 3.13 verwendeten Parameter beträgt $G_{\mathrm{wlim}} \approx 1,1 \cdot 10^7$. Für kleinere Partitionen können die Verbindungen aus der weißen Materie nicht wesentlich zu den Gesamtverbindungen beitragen.

3.3 Beschreibung mit erweiterten Graphen

Die bisher eingeführten Methoden zur Untersuchung von Netztopologien beruhten auf der Charakterisierung einzelner Graphen. Um die mittleren/erwarteten Eigenschaften eines Netzmodells zu bestimmen, wird darauf aufbauend im Allgemeinen ein Mittelwert über viele Realisierungen (Einzelgraphen) berechnet [81]. Dies ist insbesondere bei zufälligen Graphen notwendig, um die statistische Streuung zwischen Realisierungen auszugleichen. Allerdings erfordert die Mittelung bei größeren Graphen häufig einen hohen Rechenaufwand. Alternativ gibt es eine Vielzahl an theoretischen Untersuchungen, die die erwarteten Eigenschaften einer Netztopologie allgemein berechnen, meist in Abhängigkeit der Netzgröße N beziehungsweise für $N \to \infty$. Diese müssen jedoch für jedes Netzmodell separat hergeleitet werden und sind deshalb im Allgemeinen auf generische Netzmodelle, wie zum Beispiel zufällig-gleichverteilte Graphen, beschränkt [81].

Separat zu diesen allgemeinen Vorgehensweisen existieren eine Vielzahl an kompakten Beschreibungen für bestimmte Typen von Graphen. Speziell für neuronale Netze ist die in Abschnitt 2.3 eingeführte Einteilung in Populationen gebräuchlich. Für derartige Modelle gibt es verschiedene Beschreibungsmöglichkeiten [123] und Darstellungsmöglichkeiten ihrer Konnektivität [124]. Als Alternative zu diesen expliziten Definitionen einer Verbindungsstruktur lassen sich Netzmodelle auch durch Generierungsregeln beschreiben [125]. Eine generische Beschreibungsform dieser Art für neuronale Netze wird in [126] entwickelt.

All diesen Beschreibungen fehlt ein direkter Bezug zu den Elementen einer Hardwarerealisierung. Dadurch gestaltet sich die Ableitung von Hardwarearchitekturen aus ihnen schwierig. Darüberhinaus zeigen sie keine Möglichkeit auf, die realisierbaren Verbindungsstrukturen in bestehenden neuromorphen Hardwaresystemen zu charakterisieren. Bisherige Untersuchungen dieser Verbindungsstrukturen erfolgten entweder durch hardwarenahe, zugeschnittene Berechnungen [127, 34, 128] oder durch Abbildungstests von typischen Netzmodellen auf ein konkretes Hardwaresystem [36]. Beide Ansätze stellen aber keine umfassende Charakterisierungmethode dar.

Die nachfolgend entwickelte Beschreibungsmethode verfolgt das Ziel, eine möglichst direkte Beziehung zwischen Netzbeschreibung und Hardwareentwurf herzustellen. Gleichzeitig soll sie das Beschreiben beliebiger Netzmodelle erlauben. Ebenso soll sie die aufwändige Mittelung über Einzelgraphen vermeiden, indem wichtige Eigenschaften der Verbindungsstruktur direkt aus der Beschreibung extrahiert werden können.

Der Ansatz besteht darin, die gesamte Verbindungsstruktur eines Netzmodells, das heißt alle Graphen die es umfasst und ihre Häufigkeit, durch einen einzelnen erweiterten Graphen darzustellen. Jeder Knoten des erweiterten Graphen stellt dabei ein hardwaretypisches Grundelement dar, was die Beschreibung von Hardwaresystemen vereinfacht. Dadurch lassen sich Netzmodelle und in Hardware implementierte Verbindungsstrukturen mit einer einheitlichen Methode charakterisieren und miteinander vergleichen.

Im folgenden Abschnitt 3.3.1 wird zunächst der erweiterte Graph als Beschreibungsmittel eingeführt. Die darauffolgenden Abschnitte leiten dann Eigenschaften und Algorithmen zur Extraktion von Topologieeigenschaften von erweiterten Graphen her. Eine Übersicht über die Methode und ihre Anwendung auf Netzmodelle und neuromorphe Hardware ist in [4] wiedergegeben.

3.3.1 Beschreibungselemente

Der in diesem Abschnitt eingeführte erweiterte Graph basiert auf den bisher verwendeten konventionellen Graphen, das heißt er besteht zum Teil aus Knoten, die entsprechend ihrer Bedeutung Neuronen genannt werden und Verbindungen zwischen ihnen. Um eingehende Verbindungen eines Neurons besser unterscheiden zu können, werden diese in ein separates Synapsenelement ausgegliedert. Dieses Element kann beliebig viele Eingänge aufweisen, hat aber nur einen Ausgang, der üblicherweise mit einem Neuron verbunden ist. Ein Neuronenelement wiederum hat in der hier verwendeten Darstellung genau einen Eingang und einen Ausgang. Anders als in klassischen Graphen sind Verzweigungen innerhalb von Kanten erlaubt, das heißt eine Kante hat genau ein Quellelement, kann sich aber an mehrere Zielelemente verteilen. Dies entspricht den für Rent's Rule eingeführten Hyperkanten (vergleiche Abschnitt 3.2.2).

Mit den bisher eingeführten Neuronen- und Synapsenelementen lässt sich ein beliebiges neuronales Netzwerk, das heißt eine einzelne Realisierung einer Netztopologie, beschreiben. Um eine gesamte Netztopologie darstellen zu können, wird noch ein weiteres Ele-

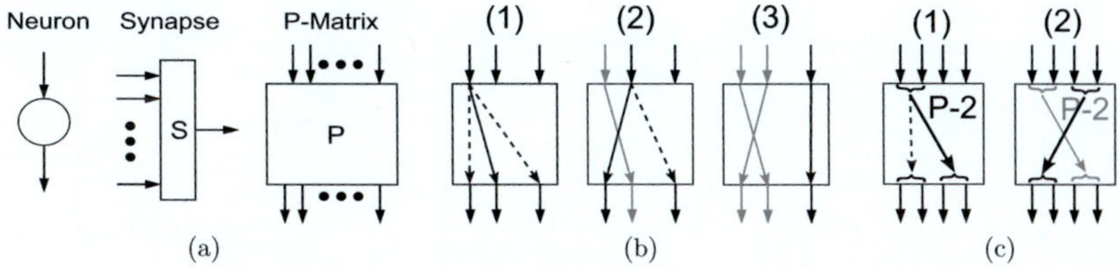

Abbildung 3.14: Elemente des erweiterten Graphen: (a) verwendete Symbole; (b) Zuordnungsmöglichkeiten im P-Element; (c) gruppiertes P-Element (Gruppengröße 2, bezeichnet mit P-2) und darin mögliche Zuordnungen.

ment benötigt, das das Auswählen zwischen Realisierungen einer Netztopologie erlaubt. Dazu dient das sogenannte Permutationselement, oder kurz P-Element. Es ist in Abbildung 3.14a zusammen mit Synapsen- und Neuronenelement dargestellt. Das P-Element hat M Eingänge und M Ausgänge und erlaubt beliebige, eineindeutige Zuweisungen von Eingängen zu Ausgängen. Das heißt, jeder Eingang ist genau einem Ausgang zugeordnet und umgekehrt. Das P-Element repräsentiert alle dieser $M!$ Zuordnungen. Abbildung 3.14b illustriert dies für eine schrittweise Belegung der Eingänge: Der erste Eingang kann einem beliebigen Ausgang zugeordnet werden, der zweite Eingang kann nur noch zwischen zwei Ausgängen wählen und der dritte und letzte Eingang ist durch die vorhergehende Auswahl eindeutig festgelegt. Dadurch lassen sich konkurrierende Zugriffe, zum Beispiel auf einen Kommunikationskanal, nachbilden: Ist ein Ausgang belegt, kann er nicht nochmals zugewiesen werden. Es kommt häufiger vor, dass einige Ausgänge nicht weiter verbunden sind, zum Beispiel wenn aus einer Menge von Verbindungen nur ein Teil ausgewählt werden soll. Als Vereinfachung werden die leerlaufenden Ausgänge dann im Folgenden nicht dargestellt, so dass in den Abbildungen ein P-Element weniger Ausgänge als Eingänge aufweisen kann.

In einigen Hardware-Systemen treten Konkurrenzsituationen zwischen Gruppen von Verbindungen auf. Dies ist zum Beispiel der Fall, wenn Verbindungsbusse wiederum verschaltet werden, wie etwa im Layer-1-Netzwerk des FACETS/BrainScaleS Waferscale-Systems (siehe Abschnitt 5.4 und [32]). Um diese Fälle darstellen zu können, wurde die P-Matrix erweitert, so dass Gruppen von Eingängen und Ausgängen einander zugeordnet werden können. Dies ist in Abbildung 3.14c für ein gruppiertes P-Element mit Gruppengröße 2 (P-2) dargestellt: Eingänge und Ausgänge sind jeweils hintereinander zu Gruppen gleicher Größe zusammengefasst und Zuordnungen erfolgen nur noch gruppenweise. Dass sich mit Einführung dieses Elementes beliebige Verbindungstopologien durch einen erweiterten Graphen darstellen lassen, wird in Abschnitt A.1 ausgeführt.

In Abbildung 3.15 ist ein Beispiel für ein neuromorphes Hardwaresystem und seine Nachbildung mit einem erweiterten Graphen dargestellt. Das Hardwaresystem enthält einen Übertragungskanal, eine Routingtabelle für die Konfiguration der einzelnen Verbindungen und einen Block mit Synapsen und Neuronen. Durch die begrenzte Kapazität des Übertragungskanals können nur B der N Neuronenausgänge an die Synapsen übertragen werden (dies kann zum Beispiel dann der Fall sein, wenn sich die Neuronen auf unterschiedlichen Hardwarechips befinden). Die Auswahl der zu übertragenden Ausgänge wird dabei durch

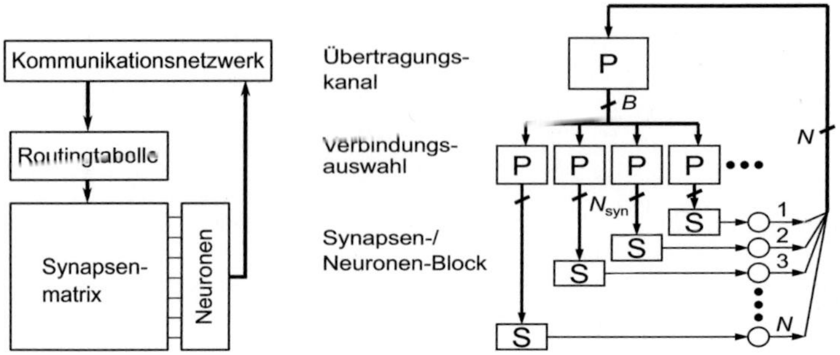

Abbildung 3.15: Schematische Darstellung eines einfachen neuromorphen Hardwaresystems und seine Modellierung durch einen erweiterten Graphen.

ein P-Element modelliert. Zur konfigurierbaren Verteilung der empfangenen Pulse auf die einzelnen Synapsen werden häufig Routingtabellen eingesetzt. Diese lassen sich durch ein P-Element pro Synapsenelement nachbilden, das jeweils individuell die N_{syn} Eingänge (Synapsen) eines Neurons aus den Ausgängen des Übertragungskanals auswählt. Durch Verbinden der Synapsenelemente mit den zugehörigen Neuronen schließt sich der Kreis zu einem vollständigen, rekurrenten Hardwaresystem.

Dieses Beispiel zeigt, dass sich der erweiterte Graph zum Nachbilden neuromorpher Systeme eignet. In ähnlicher Weise lassen sich auch typische Modelle für neuronale Netze beschreiben, wie Abschnitt 3.3.3 zeigt. Während solche einfachen erweiterten Graphen für das Nachbilden der meisten Systeme und Modelle ausreichen, lässt prinzipiell jedes beliebige Netzmodell durch einen erweiterten Graphen beschreiben. Das heißt, es kann eine beliebige Menge von Graphen als ein erweiterter Graph dargestellt und die Auftretenswahrscheinlichkeiten der einzelnen Graphen beliebig genau approximiert werden. Anhang A.1 führt diese Universalitätseigenschaft näher aus. Er beschreibt außerdem eine Reihe von Äquivalenztransformationen, die es unter bestimmten Voraussetzungen erlauben, den erweiterten Graphen in eine kanonische Form zu bringen. In dieser ist die Verbindungsstruktur ausschließlich in einer Zusammenschaltung von P-Matrizen enthalten, wie es für das Beispiel in Abbildung 3.15 bereits der Fall ist. Eine solche Struktur kann die Analyse von erweiterten Graphen vereinfachen, wird aber bei den dafür entwickelten Methoden in dieser Arbeit nicht vorausgesetzt. Der folgende Abschnitt beschreibt diese Methoden.

3.3.2 Extraktion von Netzwerkkenngrößen

In diesem Abschnitt werden Methoden vorgestellt, mit denen sich Kenngrößen für die Charakterisierung eines erweiterten Graphen berechnen lassen.

Die einfachsten Netzwerkkenngrößen sind die Neuronenanzahl N und die Synapsenanzahl S_{tot}. Diese lassen sich durch Zählen der Neuronenelemente und durch Summieren der Eingangsanzahl aller Synapsenelemente bestimmen.

Eine wichtiges Maß zur Charakterisierung eines erweiterten Graphen ist die Anzahl möglicher Zuordnungen aller P-Elemente. Sind alle P-Elemente in einem erweiterten Graphen auf eine einzelne Eingangs-Ausgangs-Zuordnung festgelegt, wird dies im Folgenden als eine „Konfiguration“ bezeichnet. Die Anzahl verschiedener Konfigurationen charakterisiert den Umfang einer Netztopologie und kann auch als Komplexitätsmaß verwendet werden. Aufgrund der im Allgemeinen großen Menge möglicher Konfigurationen bietet sich dabei eine logarithmische Darstellung an, die als minimal benötigter Konfigurationsspeicher interpretiert werden kann. Allgemein sind in einem P-Element mit N_j Eingängen und Ausgängen $N_j!$ Zuordnungen möglich. Für gruppierte P-Elemente mit Gruppengröße K berechnet sich die Anzahl der Zuordungen über die Eingangs-/Ausgangsgruppen, was $(N_j/K)!$ Möglichkeiten ergibt. Für eine korrekte Berechnung ist zusätzlich die Unterscheidbarkeit der Ausgänge zu beachten: Wird zum Beispiel ein Synapsenelement an mehrere Ausgänge eines P-Elementes angeschlossen, ist die Reihenfolge, mit der Eingänge an diese Ausgänge zugeordnet werden, für die entstehende Netztopologie ohne Bedeutung; es kommt lediglich darauf an, welche Eingänge des P-Elementes den Ausgängen zum Synapsenelement zugeordnet sind. Die gleiche Argumentation gilt für ein an die Ausgänge angeschlossenes weiteres P-Element. Dadurch ergibt sich für den minimal benötigten Konfigurationsspeicher:

$$I_j = \mathrm{ld}\left(\frac{N_j!}{N_{\mathrm{out},1}^{(j)}! \cdot N_{\mathrm{out},2}^{(j)}! \cdot \ldots \cdot N_{\mathrm{out},k}^{(j)}!}\right), \tag{3.18}$$

wobei $N_{\mathrm{out},1}^{(j)}, \ldots, N_{\mathrm{out},k}^{(j)}$ die Anzahl der Ausgänge des P-Elementes angeben, die an das nachfolgende Element $1 \ldots k$ angeschlossen sind. Für gruppierte P-Elemente gilt die Formel sinngemäß, wobei hier Mengen von nicht unterscheidbaren Ausgangsgruppen berücksichtigt werden müssen. Dient ein P-Element lediglich der Auswahl von $N_{\mathrm{out}}^{(j)}$ aus N_j möglichen Elementen, vereinfacht sich das Argument des Logarithmus in Gleichung (3.18) zum Binomialkoeffizienten:

$$I_j = \mathrm{ld}\left(\frac{N_j!}{N_{\mathrm{out}}^{(j)}! \cdot (N_j - N_{\mathrm{out}}^{(j)})!}\right) = \mathrm{ld}\left(\binom{N_j}{N_{\mathrm{out}}^{(j)}}\right). \tag{3.19}$$

Die Berechnung eines minimalen Konfigurationsspeichers aus der Anzahl möglicher Konfigurationen wurde bereits in [129] zur Charakterisierung von FPGAs verwendet. Allerdings basiert die dortige Herleitung auf einem Modell der zugrundeliegenden Verteilung an Hardwareelementen, um den Konfigurationsspeicher einer virtuellen Hardwarearchitektur aus einer mit Rent's Rule charakterisierten Netztopologie (vergleiche dazu Abschnitt 3.2) abzuleiten. Die hier eingeführte Formel lässt sich dagegen zur Charakterisierung beliebiger, durch einen erweiterten Graphen beschriebener Netztopologien verwenden.

Durch die Abhängigkeiten zwischen Verbindungen in den P-Elementen kann die Anzahl gleichzeitig realisierbarer Verbindungen niedriger sein als die verfügbare Anzahl an Synapsen. Dies kann zum Beispiel auf Engpässe in der Verbindungsarchitektur von Hardwaresystemen hindeuten. In gerichteten Graphen mit Kantengewichten wird dazu der „maximale Fluss“ zwischen einem Quell- und einem Zielknoten berechnet [130]. Eigenschaften dieses Flusses sind, dass jeder Teilfluss durch eine Kante das Kantengewicht nicht übersteigt und der Fluss durch alle eingehenden Kanten eines Knotens gleich dem Fluss durch seine ausgehenden Kanten ist. Dies lässt sich auf den erweiterten Graphen anwenden: Jede realisierte

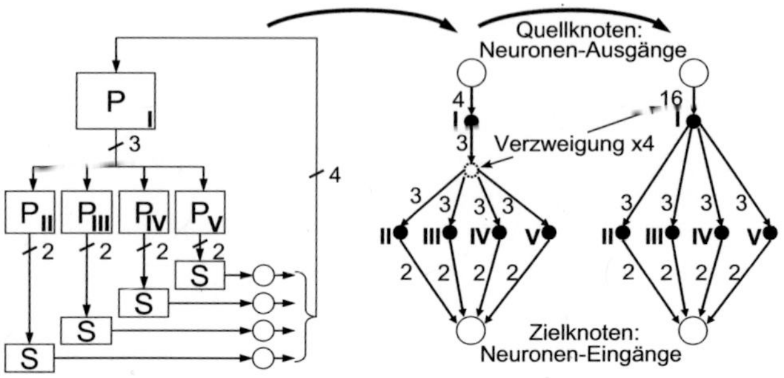

Abbildung 3.16: Erzeugen eines gerichteten Graphen aus dem erweiterten Graphen für die Berechnung des maximalen Flusses. Es wurde das Beispiel aus Abbildung 3.15 mit $N = 4$, $B = 3$ und $N_{\text{syn}} = 2$ verwendet.

Verbindung beansprucht in einem P-Element genau einen Eingang und einen Ausgang. Dadurch ist die Summe beanspruchter Eingänge gleich der Summe beanspruchter Ausgänge. P-Elemente sind damit Knoten in einem gerichteten Graphen, dessen Kantengewichte die Anzahl an Verbindungen zwischen Elementen angeben. Da im erweiterten Graphen Verbindungen zwischen Neuronen interessieren, sind alle Neuronen zu einem Knoten zusammengefasst, der gleichzeitig den Quell- und den Zielknoten für die Flussberechnung darstellt. Dies ist in Abbildung 3.16 veranschaulicht.

In dem gerichteten Flussgraphen können Verzweigungen nicht direkt dargestellt werden, da er nur einfache Kanten zwischen zwei Knoten zulässt. Eine Möglichkeit zur Lösung dieses Problems ist die Umwandlung des erweiterten Graphen in seine kanonische Form (siehe Abschnitt A.1), da dann alle Verzweigungen an den Ausgängen der Neuronen auftreten und mit den Quellknoten zusammengefasst werden können. Ebenso lassen sich alle Synapsen mit dem Zielknoten vereinigen. Als Alternative kann eine korrekte Darstellung im gerichteten Graphen erreicht werden, indem die Verzweigung in Einzelkanten aufgelöst und die Kantengewichte aller vorgeschalteten Kanten mit der Ausgangsanzahl der Verzweigung multipliziert werden. Das entspricht einer indirekten Ausführung der Umwandlungsregel in Abbildung A.2d. Abbildung 3.16 verdeutlicht dieses Vorgehen. Der gerichtete Graph stellt die Abhängigkeiten zwischen Verbindungen in ungruppierten P-Elementen korrekt dar, allerdings kann er die Beschränkung der Zuordnungsmöglichkeiten bei gruppierten P-Elementen nicht erfassen. Deshalb kann der so berechnete maximale Fluss die Anzahl gleichzeitig realisierbarer Verbindungen im erweiterten Graphen überschätzen, wenn dieser gruppierte P-Elemente enthält.

Wie schon Abschnitt A.1 eingeführt, lassen sich den unterschiedlichen Konfigurationen eines erweiterten Graphen Auftretenswahrscheinlichkeiten zuordnen. Grundlage dafür ist die Annahme, dass alle Zuordnungen eines P-Elementes gleichwahrscheinlich eintreten. Dies korrespondiert auch mit der Berechnung des minimalen Konfigurationsspeichers: Sind alle n möglichen Zuordnungen eines P-Elementes gleichwahrscheinlich, das heißt $p = 1/n$, beträgt die Entropie über die Zuordnungen $\text{ld}(n)$, was gleich dem minimalen Konfigurationsspeicher

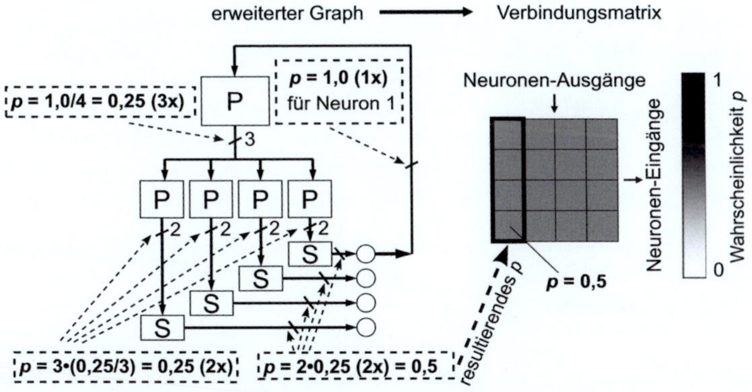

Abbildung 3.17: Extraktion von Verbindungswahrscheinlichkeiten aus einem erweiterten Graphen und Darstellung als Verbindungsmatrix. Es wurde das Beispiel aus Abbildung 3.15 mit $N = 4$, $B = 3$ und $N_{\text{syn}} = 2$ verwendet (siehe Abbildung 3.16).

des P-Elementes ist. In diesem Fall wird der Konfigurationsspeicher optimal ausgenutzt. Sind Zuordnungen dagegen unterschiedlich wahrscheinlich, ist die Entropie kleiner als der Konfigurationsspeicher, wodurch ein gewisses Maß an Redundanz entsteht.

Da die Wahrscheinlichkeiten der Zuordnungen in den P-Elementen durch die Gleichverteilungsannahme bekannt sind, ist auch die Auftretenswahrscheinlichkeit jeder Konfiguration des erweiterten Graphen festgelegt. Gleichzeitig kann für jede Verbindung zwischen zwei Neuronen ihre Existenzwahrscheinlichkeit über alle Konfigurationen berechnet werden. Daraus entsteht eine Verbindungsmatrix analog zu Abbildung 3.2a. Da diese Matrix mit Verbindungswahrscheinlichkeiten aus dem erweiterten Graphen abgeleitet ist und sich von der durch ein Modell vorgegebenen Wahrscheinlichkeitsmatrix unterscheiden kann, wird sie im Folgenden „extrahierte Verbindungsmatrix“ bezeichnet.

Die extrahierten Verbindungswahrscheinlichkeiten lassen sich durch den in Abbildung 3.17 dargestellten Algorithmus berechnen. Dieser iteriert über alle sendenden Neuronen. In jeder Iteration sucht der Algorithmus alle Verbindungen durch den erweiterten Graphen von einem sendenden Neuron zu beliebigen Neuroneneingängen. Dabei startet er mit einer Verbindung mit Wahrscheinlichkeit 1 am Ausgang des gerade aktiven Senderneurons. Um korrekte Verbindungswahrscheinlichkeiten zu erhalten, muss zwischen voneinander unabhängigen Verbindungsrouten und Leitungen, die sich gegenseitig ausschließen, unterschieden werden. Eine Verbindung im Algorithmus umfasst deshalb immer alle Leitungen, die sich gegenseitig ausschließen. Da diese nur an Ausgängen von P-Elementen zum gleichen Nachfolgeelement auftreten, lassen sie sich durch Speicherung der Leitungsanzahl abbilden. Folgende Regeln werden für die korrekte Wahrscheinlichkeitsberechnung aufgestellt:

- An einer Verzweigung wird eine ankommende Verbindung vervielfacht und je eine Kopie an die der Verzweigung nachfolgenden Elemente gesendet.

- An einem P-Element wird jede sich gegenseitig ausschließende Leitung als separater Eingang behandelt. Die Wahrscheinlichkeit des Eingangs wird durch die Anzahl ihm zuordenbarer Ausgänge dividiert (das heißt mit der Zuordnungswahrscheinlichkeit für einen Ausgang multipliziert). Für alle an diese Ausgänge angeschlossenen Elemente wird je eine Verbindung erzeugt (dadurch werden schon etwaige Verzweigungen der ausgehenden Verbindungen mit berücksichtigt); sind mehrere Ausgänge an das gleiche Element angeschlossen, wird die Leitungsanzahl der Verbindung entsprechend erhöht.

- An einem Synapsenelement werden alle sich gegenseitig ausschließenden Leitungen L_i (mit jeweils Wahrscheinlichkeit p_i^{L}) einer Verbindung zu einer gemeinsamen Verbindungswahrscheinlichkeit $p_i^{\mathrm{V}} = L_i \cdot p_i^{\mathrm{L}}$ zusammengefasst. Eine Verbindung mit dieser Wahrscheinlichkeit wird über den Synapsenausgang weitergesendet.

- An einem Neuroneneingang werden die Wahrscheinlichkeiten p_i^{V} aller ankommenden Verbindungen zur resultierenden Verbindungswahrscheinlichkeit p_{N} verrechnet: $p_{\mathrm{N}} = 1 - \prod_{(i)}(1 - p_i^{\mathrm{V}})$. Der Wert für p_{N} lässt sich dabei schrittweise bei jeder ankommenden Verbindung aktualisieren.

Haben alle Verbindungen einen Neuroneneingang erreicht, ist die Iteration beendet. Die Wahrscheinlichkeiten an den Neuroneneingängen geben dann die Verbindungswahrscheinlichkeiten vom aktuell sendenden Neuron zu den entsprechenden Zielneuronen an, wie es Abbildung 3.17 darstellt.

Zusätzlich zur Extraktion der Verbindungswahrscheinlichkeiten lässt sich mit diesem Algorithmus auch bestimmen, welche Verbindungen zwischen Neuronen prinzipiell realisierbar sind: Ist die Verbindungswahrscheinlichkeit 0, lässt sich keine Verbindung zwischen den entsprechenden Neuronen konfigurieren.

Tabelle 3.1 fasst die Eigenschaften zusammen, die sich aus dem erweiterten Graphen extrahieren lassen, so wie sie dieser Abschnitt beschreibt.

Tabelle 3.1: Eigenschaften der Verbindungsstruktur, die aus dem erweiterten Graphen berechnet werden können.

Eigenschaft	Beschreibung
Anzahl Neuronen N	Anzahl der Neuronenelemente
Anzahl Synapsen S_{tot}	Summe der Synapsen in allen Synapsenelementen
Konfigurationsspeicher I	Summierter Speicheraufwand für alle P-Elemente, Maß für die Anzahl an verfügbaren Konfigurationen
maximaler Fluss	Maximale Anzahl gleichzeitig realisierbarer Verbindungen in einer Konfiguration
extrahierte Verbindungsmatrix	Matrix der Verbindungswahrscheinlichkeiten, wenn alle Konfigurationen gleichwahrscheinlich sind

3.3.3 Umwandlung zufälliger Graphen in erweiterte Graphen

Ein erweiterter Graph ist eine vollständig deterministische Beschreibung einer Netztopologie, auch wenn sich aus ihm unter bestimmten Annahmen Auftretenswahrscheinlichkeiten extrahieren lassen, wie es Abschnitt 3.3.2 erläutert. Netztopologien mit nichtdeterministischen Erzeugungsvorschriften können deshalb nur indirekt durch erweiterte Graphen beschrieben werden. Für die Untersuchung solcher Netztopologien mit den in Abschnitt 3.3.2 beschriebenen Methoden ist deshalb eine möglichst automatisierte Umwandlung in einen erweiterten Graphen erforderlich. Dies gilt insbesondere für zufällige Graphen, deren Behandlung sich dieser Abschnitt widmet.

Die Optimierungsziele bei der Umwandlung sind vom Anwendungsfall abhängig. In den meisten Fällen ist es erforderlich, dass der erweiterte Graph (fast) alle typischen beziehungsweise häufig auftretenden Realisierungen (Netzlisten) der zufälligen Netztopologie enthält. Anders ausgedrückt, soll die Wahrscheinlichkeit P_{map}, dass eine zufällig erzeugte Realisierung der Netztopologie im erweiterten Graphen enthalten ist, hoch sein. Alternativ lässt sich fordern, dass der Anteil an Synapsen einer zufällig erzeugten Realisierung, die nicht durch den erweiterten Graphen abgebildet werden können, möglichst klein ist. Der Bezeichnung in [36] folgend, wird dieser Anteil im Folgenden auch als Synapsenverlust Q_{loss} bezeichnet.

Ein weiteres Ziel bei der Umwandlung ist eine effiziente Darstellung; das heißt der erstellte erweiterte Graph soll so wenig wie möglich Synapsen und Konfigurationsspeicher benötigen. Prinzipiell kann außerdem gefordert werden, dass die aus dem erweiterten Graphen extrahierten Verbindungswahrscheinlichkeiten möglichst wenig von den im zufälligen Graphen gegebenen Werten abweichen. Dieses Ziel spielt im Folgenden jedoch nur eine untergeordnete Rolle, da die Betrachtungen in dieser Arbeit auf eine effiziente Hardwarerealisierung von Netztopologien ausgerichtet sind, für die die obigen Forderungen an die Abbildbarkeit (P_{map}, Q_{loss}) genügen.

Im Folgenden wird zunächst ein Umwandlungsalgorithmus und seine Verifikation eingeführt, der alle Neuronen als gleichartig behandelt (ungruppierte Neuronen). Als Erweiterung stellt ein zweiter Unterabschnitt einen Umwandlungsalgorithmus vor, der durch die Einteilung von Neuronen in Gruppen mehr Flexibilität bei der Umwandlung bietet.

Ungruppierte Neuronen Ein einfacher Ansatz für die Generierung eines erweiterten Graphen ist, für jedes Neuron die benötigte Anzahl an Synapsen zu bestimmen und deren Eingänge jeweils durch eine P-Matrix aus allen N Signalen auswählen zu lassen. Durch eine solche Anordnung werden alle N möglichen Eingänge gleichberechtigt behandelt, das heißt es erfolgt keine Gruppierung der Neuronen. Der generierte erweiterte Graph entspricht damit dem Beispielsystem aus Abbildung 3.15 ohne Übertragungskanal. Für jedes zu repräsentierende Netzmodell muss die Anzahl an Synapsen für jedes Neuron aus der globalen Eingangsgradverteilung ermittelt werden. Die einfachste Annahme dabei ist eine konstante Anzahl Synapsen S pro Neuron. Wird für S der maximal mögliche Eingangsgrad gewählt, ist die Abbildbarkeit sichergestellt. Das Auftreten dieses Maximums ist jedoch im Allgemeinen sehr unwahrscheinlich, wodurch für die praktische Anwendung zu viele Synapsen verwendet werden. Für ein kleineres S ist die Wahrscheinlichkeit, dass bei einem Neuron ein Synapsenverlust auftritt, direkt aus der Dichtefunktion bestimmbar, wie Abbildung 3.18 zeigt.

Die Abbildungswahrscheinlichkeit ist dann:

$$P_{\mathrm{map}} = (1 - p_{\mathrm{loss}})^N \tag{3.20}$$

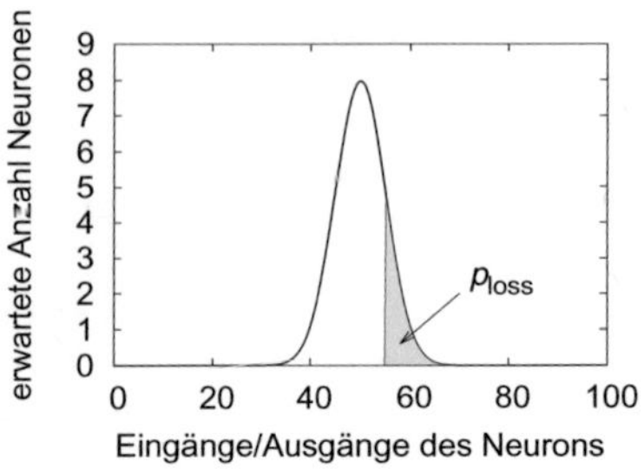

Abbildung 3.18: Bestimmung der Wahrscheinlichkeit für einen Synapsenverlust aus der Dichtefunktion des Eingangsgrades.

Der erwartete relative Synapsenverlust Q_{loss} ist ebenfalls aus der Eingangsgradverteilung eines Neurons bestimmbar. Für Neuron j ergibt sich durch Berechnung der entsprechenden Erwartungswerte $E(.)$:

$$Q_{\text{loss},j} = \frac{E(S_j > N_{\text{syn},j})}{E(S_j)} = \frac{\sum_{n=N_{\text{syn},j}+1}^{N} (n - N_{\text{syn},j}) \cdot f_{D_{\text{in}},j}(n)}{\sum_{n=1}^{N} n \cdot f_{D_{\text{in}},j}(n)} . \tag{3.21}$$

Bei konstanten Verbindungswahrscheinlichkeiten ist Q_{loss} für alle Neuronen gleich und gibt somit auch den globalen Synapsenverlust an. Ansonsten muss der Verlustwert über alle Neuronen gemittelt werden.

Ein konstante Zahl an Synapsen für alle Neuronen ist günstig für typische neuromorphe Hardwaresysteme [131], da sie eine matrixförmige Anordnung der Synapsen vereinfacht. Betrachtet man die Gesamtanzahl benötigter Synapsen, ist diese Festlegung jedoch ineffizient, da viele Neuronen einer Realisierung deutlich weniger Synapsen aufweisen, wie aus der Gradverteilung ersichtlich ist. Als alternativer Ansatz kann deshalb jedem Neuron eine individuelle Anzahl Synapsen S_j zugewiesen werden, die sich an der Wahrscheinlichkeitsdichte $f_{D_{\text{in}}}(d_{\text{in}})$ des Eingangsgrades orientiert. Aus ihr ergibt sich mit $n_i = N \cdot f_{D_{\text{in}}}(i)$ die erwartete Anzahl Neuronen mit i Synapsen. Runden der n_i ergibt eine Folge der Anzahl an Neuronen für jede Synapsenzahl. Um die erforderliche Gesamtzahl an Neuronen einzuhalten, das heißt die Bedingung $\sum_{(i)} n_i = N$ zu erfüllen, werden dabei, falls erforderlich, Neuronen mit der erwarteten Anzahl Synapsen hinzugefügt oder weggelassen. Aus der so diskretisierten Folge ist die Anzahl der Synapsen S_j für jedes Neuron im erweiterten Graphen festgelegt.

Durch statistische Streuung kann die empirische Gradverteilung in einer Realisierung von der Wahrscheinlichkeitsverteilung abweichen, wodurch Synapsen einzelner Neuronen nicht abbildbar sein können. Für diesen Fall lassen sich Reserven bei der Erzeugung vorsehen, indem die Verbindungswahrscheinlichkeit erhöht und damit die Gradverteilung modifiziert wird. Die für die Generierung verwendeten Verbindungswahrscheinlichkeiten $p_{\text{gen},ij}$ werden dazu wie folgt modifiziert:

$$p_{\text{gen},ij} = p_{ij} + h_p \cdot p_{ij} \cdot (1 - p_{ij}) . \tag{3.22}$$

Der Faktor h_p gibt dabei Stärke der Modifikation an. Durch diese Formulierung wird die Verbindungswahrscheinlichkeit sicher auf das Intervall $[0, 1]$ begrenzt.

Da durch die variierenden S_j nicht mehr alle Neuronen des erweiterten Graphen identisch sind, spielt die Zuordnung der Neuronen der Realisierung zu denen im erweiterten Graphen eine Rolle für die Abbildbarkeit der Realisierung beziehungsweise für den Synapsenverlust. Eine optimale Zuordnung mit minimalem Synapsenverlust ergibt sich, wenn die Neuronen der Realisierung und des erweiterten Graphen jeweils nach ihrer Synapsenanzahl geordnet und dann Neuronen an der gleichen Stelle der Rangfolge einander zugewiesen werden. Dadurch bekommt jedes Neuron der Realisierung dasjenige im erweiterten Graphen zugeordnet, das die meisten Synapsen aufweist und noch nicht von einem Realisierungsneuron mit gleichvielen oder mehr Synapsen besetzt wurde. Durch diese Zuordnung werden die Synapsen im erweiterten Graphen bestmöglich ausgenutzt, das heißt die Gesamtanzahl an realisierten Synapsen über alle Neuronen ist maximal.

Eine analytische Verifikation des erzeugten erweiterten Graphen mit variierender Synapsenanzahl pro Neuron S_j, zum Beispiel durch Berechnung des erwarteten Synapsenverlustes, ist schwierig zu berechnen, da die oben besprochene Zuordnung abhängig von der Realisierung ist und somit zwischen Realisierungen variiert. Alternativ kann, ähnlich zu Monte-Carlo-Methoden [132], eine große Zahl von Realisierungen erzeugt und auf den erweiterten Graphen abgebildet werden. Schätzungen für den erwarteten Synapsenverlust und die Abbildungswahrscheinlichkeit lassen sich daraus durch Mittelung über alle Realisierungen gewinnen. Die Abbildungswahrscheinlichkeit wird dabei aus dem Anteil der Realisierungen ohne Synapsenverlust genähert.

Für den Spezialfall einer konstanten Eingangsgradverteilung über alle Neuronen lässt sich die Abbildungswahrscheinlichkeit P_{map} auch analytisch bestimmen: Betrachtet man die Anzahl der Neuronen n_i mit i Synapsen, so wird eine Realisierung durch die Gesamtheit ihrer n_i, bezeichnet als (n_i), ausreichend für die Abbildung auf den erweiterten Graphen bestimmt. Die Menge $\mathcal{N}$ bezeichne die Gesamtheit aller (n_i), die vom gegebenen erweiterten Graphen abgebildet werden können. Die Abbildungswahrscheinlichkeit P_{map} ist dann gleich der Wahrscheinlichkeit, dass die (n_i) einer zufällig ausgewählten Realisierung der Menge $\mathcal{N}$ angehören. Diese lässt sich wie folgt berechnen:

$$\begin{aligned} P_{\text{map}} = P(\mathcal{N}) &= \sum_{(n_j)\in\mathcal{N}} p_0^{n_0} \cdot \ldots \cdot p_N^{n_N} \cdot \frac{N!}{n_0! \cdot \ldots \cdot n_N!} \\ &= N! \cdot \sum_{(n_j)\in\mathcal{N}} \prod_{j=0}^{N} \frac{p_j^{n_j}}{n_j!}, \end{aligned} \tag{3.23}$$

Die Anzahl der Summanden ist im Maximalfall $\binom{2N}{N} \geq 2^N$, und lässt sich aufgrund dieses exponentiellen Wachstums mit N mit vertretbarem Aufwand nicht direkt berechnen. Es ist aber möglich, Teilprodukte der Summe auszuklammern, was ein Zusammenfassen von Summanden ermöglicht. Dazu werden Teilkombinationen von n_i mit maximal S Synapsen, das heißt $(n_i), i \leq S$, betrachtet. Eine Teilkombination wird dabei durch eine Restkombination $(n_i), i > S$ zu einem vollständigen Element der Menge $\mathcal{N}$ ergänzt. Nun haben alle Teilkombinationen, die die gleiche Anzahl an Neuronen b beinhalten, das heißt $\sum_{i=0}^{S} n_i = b$, in $\mathcal{N}$ die gleiche Menge an Restkombinationen $(n_i), i > S$. Das heißt, sind bereits b Neuronen mit maximal S Synapsen realisiert, gibt es immer die gleiche Menge an Möglichkeiten, die restlichen $N - b$ Neuronen mit mehr als S Synapsen zu versehen. Durch diese Unabhängigkeit der Mengen von Teilkombinationen und Restkombinationen lässt sich die Summe in Gleichung (3.23) in das Produkt zweier Summen aufteilen. Die ausgeklammerten Summanden können mit der gleichen Methode wiederum faktorisiert werden. Insgesamt entsteht daraus ein Algorithmus, der mit $O(N^3)$ skaliert, was den Aufwand zur Berechnung der Abbildungswahrscheinlichkeit P_{map} vertretbar macht.

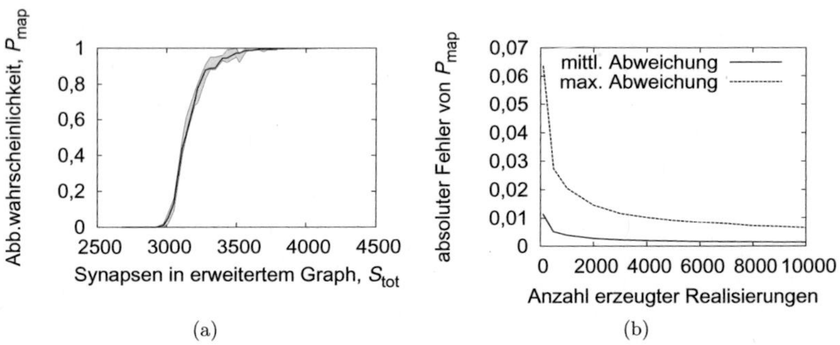

Abbildung 3.19: Test der Monte-Carlo-Methode zur Bestimmung der Abbildungswahrscheinlichkeit P_{map}. Als Beispiel wurde ein zufällig-gleichverteilter Graph mit $N = 100$ und $p = 0,3$ verwendet. Die Anzahl der Synapsen für jedes Neuron im erweiterten Graphen wurde durch Diskretisieren der Eingangsgradverteilung ohne Modifikation bestimmt, das heißt es gilt $p_{\mathrm{gen},ij} = p$. (a) Streuungsbereich der berechneten Funktionen $P_{\mathrm{map}}(S_{\mathrm{tot}})$ über 1000 Läufe. Je Lauf wurde über 100 Realisierungen gemittelt. Die analytische Lösung ist als dicke Linie eingezeichnet. (b) mittlere und maximale Abweichung der durch die Monte-Carlo-Methode bestimmten Funktion $P_{\mathrm{map}}(S_{\mathrm{tot}})$ von der analytischen Lösung pro Lauf in Abhängigkeit der Anzahl an Realisierungen. Ergebnisse wurden über 1000 Läufe gemittelt.

Abbildung 3.19 stellt analytische Lösung und Monte-Carlo-Näherung gegenüber. Bereits bei Mittelung über 100 Realisierungen (Abbildung 3.19a) stimmt die Monte-Carlo-Näherung relativ gut mit der exakten Berechnung überein und nähert sich dieser erwartungsgemäß immer weiter an, wie Abbildung 3.19b zeigt. Für die weiteren Untersuchungen in dieser Arbeit wird deshalb durchgängig die Monte-Carlo-Methode mit Mittelung über 10000 Realisierungen verwendet.

Gruppierte Neuronen Die im vorangegangenen Abschnitt generierten erweiterten Graphen ermöglichen eine Anpassung der Synapsenanzahl pro Neuron, sie behandeln jedoch alle möglichen Eingänge (das heißt Verbindungen von anderen Neuronen) gleich. Dadurch ist keine Differenzierung zwischen verschiedenen potenziellen Eingängen oder Gruppen von Eingängen eines Neurons möglich.

Das lässt sich an der extrahierten Verbindungsmatrix veranschaulichen, wie der linke Teil der Abbildung 3.20 zeigt: Unterschiedliche extrahierte Verbindungswahrscheinlichkeiten lassen sich nur zwischen Zeilen generieren, nicht aber innerhalb einer Zeile. Das Modell für die Generierung des erweiterten Graphen soll deshalb im Folgenden erweitert werden, um auch unterschiedliche Verbindungswahrscheinlichkeiten zwischen Eingängen nachbilden zu können. Dazu werden die Neuronen in K Gruppen mit jeweils $N_k, k = 1, \ldots, K$ Neuronen eingeteilt. Im generierten erweiterten Graphen erhält jedes Neuron jetzt K P-Elemente. Jedes dieser P-Elemente erhält Eingänge genau von den Neuronen, die einer einzelnen der K Gruppen zugeordnet sind. Die daraus entstehende Struktur der extrahierten Verbindungsmatrix ist im rechten Teil von Abbildung 3.20 schematisch dargestellt: Die Spalten sind nun in Blöcke eingeteilt, die der Gruppierung entsprechen. Aus dieser Anordnung ergibt sich ein größerer Freiheitsgrad bei Parametrisierung, da die Anzahl der Synapsen $S_{j,k}$ pro Neuron j für jede Gruppe k separat festgelegt werden kann.

Die Generierung eines erweiterten Graphen besteht nun aus der Einteilung der Neuronen in Gruppen und der Festlegung der Synapsenzahlen $S_{j,k}$. Eine günstige Gruppeneinteilung hängt stark von der Netzstruktur ab und ist schlecht durch einen Algorithmus erfassbar. Sie wird deshalb in den Untersuchungen dieser Arbeit manuell festgelegt. Die Gruppierung wirkt sich sowohl auf die Eingänge (Zeilen der Verbindungsmatrix) als auch Ausgänge (Spalten) aus, das heißt es entstehen insgesamt $K \times K$ Regionen in der Verbindungsmatrix.

Für die Festlegung der $S_{j,k}$ lässt sich die Diskretisierung der Eingangsgradverteilung für den ungruppierten Fall adaptieren. Dazu werden die Neuronen jeder Gruppe getrennt betrachtet. Zunächst erfolgt die Berechnung der Eingangsgradverteilung getrennt nach Eingängen verschiedener Gruppen, das heißt es entstehen K Verteilungen pro Neuronengruppe. Wie für den ungruppierten Fall lässt sich der Algorithmus über Modifizieren der Verbindungswahrscheinlichkeiten nach Gleichung (3.22) beeinflussen. Prinzipiell ließe sich jede der K Verteilungen $F_{S_k}(s_k)$ getrennt diskretisieren. Die Kombination der erhaltenen Werte $S_{x,k}$ bleibt jedoch ungelöst. Deshalb wird im Folgenden eine Heuristik entwickelt, die die (K-dimensionale) Gesamtverteilung über alle Gruppen betrachtet. Unter der Annahme, dass die Einzelverteilungen $F_{S_k}(s_k)$ unabhängig voneinander sind, gilt

$$F_S(s_1, s_2, \ldots, s_K) = F_{S_1}(s_1) \cdot F_{S_2}(s_2) \cdot \ldots \cdot F_{S_K}(s_K) \,. \tag{3.24}$$

Diese Gleichung gilt insbesondere, wenn die Eingangsgradverteilungen der Neuronen in der betrachteten Gruppe identisch sind. Der Wert $n_{\text{fit}} = N_k \cdot F_S(s_1, s_2, \ldots, s_K)$ gibt dann

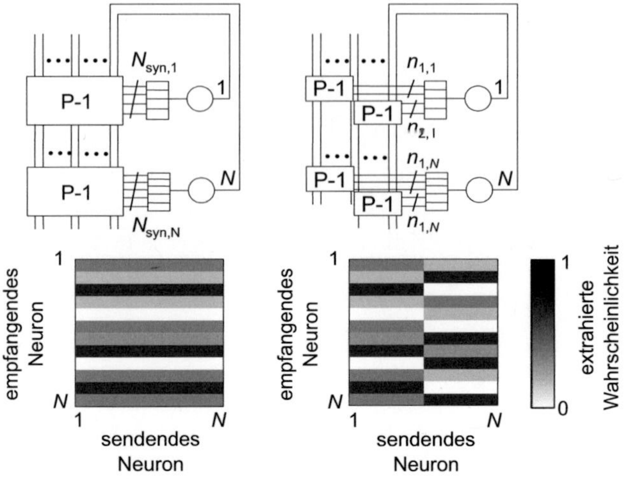

Abbildung 3.20: Repräsentation eines zufälligen Graphen durch erweiterte Graphen ohne (links) und mit (rechts) gruppierten Neuronen (für $K = 2$ Gruppen)

den Erwartungswert dafür an, wieviele Neuronen der Gruppe maximal s_1 Eingänge von Gruppe 1, max. s_2 Eingänge von Gruppe 2, usw., aufweisen. Für eine effiziente Abbildung durch den erweiterten Graphen wird ein möglichst hoher Erwartungswert n_{fit} bei einer möglichst geringen Gesamtanzahl an Synapsen über alle Gruppen ($\sum_{i=1}^{K} s_i$) angestrebt. Der Algorithmus besteht dann in einer lokalen Optimierung dieses Kriteriums: Startwert ist das jeweils minimale s_k, so dass $F_{S_k}(s_k) > 0$ gilt. In jedem Schritt wird nun dasjenige s_k inkrementiert, durch das der Erwartungswert n_{fit}, das heißt die Gesamtverteilung, am stärksten erhöht wird, woraus mit Gleichung (3.24) folgt

$$\frac{F_S(s_1, \ldots, s_k + 1, \ldots, s_K)}{F_S(s_1, \ldots, s_k, \ldots, s_K)} = \frac{F_{S_k}(s_k + 1)}{F_{S_k}(s_k)} = 1 + \frac{f_{S_k}(s_k + 1)}{F_{S_k}(s_k)} \rightarrow \max_{k=1,\ldots,K} . \tag{3.25}$$

Jedes Mal, wenn n_{fit} die nächste Ganzzahl überschreitet, wird ein Neuron im erweiterten Graphen erzeugt mit den aktuellen Werten vons_k. Dies entspricht einer Diskretisierung des n_{fit}-Verlaufes.

Die Verifikation des generierten erweiterten Graphen bezüglich des vorgegebenen Modells kann wieder mit der Monte-Carlo-Methode erfolgen, das heißt Schätzungen für die Abbildungswahrscheinlichkeit und den Synapsenverlust werden durch Mittelung über M Realisierungen des gegebenen zufälligen Graphen geschätzt. Für ein korrektes Ergebnis wird dazu die optimale Zuordnung der Neuronen in der Realisierung zu den Neuronen im erweiterten Graphen benötigt. Da die Zuordnung von Neuronen zu Gruppen im Vorhinein festgelegt wurde, sind nur Vertauschungen innerhalb einer Neuronengruppe sinnvoll. Für die Optimierung wird zunächst der Synapsenverlust für jede mögliche Zuordnung eines einzelnen Neurons der Realisierung zu einem Neuron der Gruppe im erweiterten Graphen ermittelt. Die Zuordnung mit minimalen Kosten (das heißt mit minimalem Synapsenverlust) entspricht dann einem linearen Zuordnungsproblem, für dessen Lösung effiziente Algorithmen zur Verfügung stehen [133]. Da die optimale Zuordnung nicht trivial zu ermitteln ist wie für den ungruppierten Fall, ist auch eine analytische Bestimmung der Abbildungswahrscheinlichkeit und des zu erwartenden Synapsenverlustes praktisch nicht möglich.

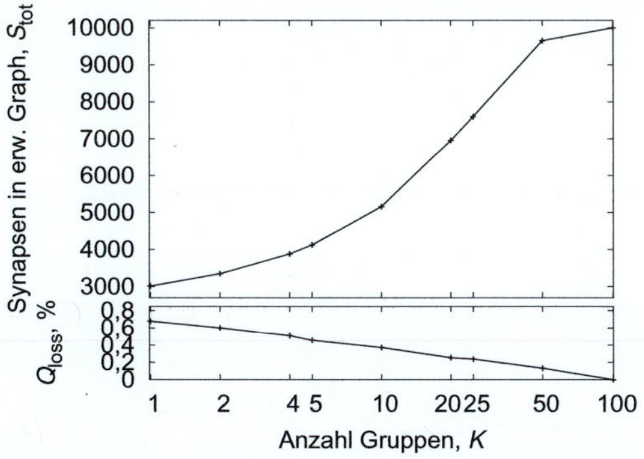

Abbildung 3.21: Entwicklung der Gesamtanzahl an Synapsen und des Synapsenverlustes mit der Anzahl der Gruppen für einen zufällig-gleichverteilten Graphen mit $N = 100$ und $p = 0,3$. Für die Generierung der erweiterten Graphen wurden die Verbindungswahrscheinlichkeiten nicht modifiziert, das heißt es gilt $p_{\text{gen},ij} = p$.

Abbildung 3.21 zeigt Generierungsergebnisse für einen zufällig-gleichverteilten Graphen bei Einteilung in Gruppen gleicher Größe. Die Gesamtanzahl an Synapsen steigt mit der Anzahl an Gruppen, da mit der Einteilung in Gruppen die Flexibilität bei der Konfiguration der Synapsen sinkt. Anders ausgedrückt müssen Neuronen für jede Eingangsgruppe ausreichend Synapsen bereithalten, um zufällige Fluktuationen in der Synapsenanzahl einer Gruppe zwischen Realisierungen ausgleichen zu können. Der Gesamtbetrag der dafür benötigten Reserven steigt mit der Anzahl der Gruppen. Im Grenzfall $K = N$, das heißt Gruppengröße 1, erzeugt der Algorithmus für jede Synapse im zufälligen Graphen, die auftreten kann, eine eigene Synapse im erweiterten Graphen, da Synapsen nicht mehr von mehreren Eingängen angesteuert werden können. In diesem Fall enfallen auch sämtliche P-Elemente, da sie nur noch einen Eingang und einen Ausgang aufweisen würden und damit keine Funktion mehr haben. Der mittlere Synapsenverlust, der bei Abbilden einer zufälligen Realisierung auf den generierten erweiterten Graphen entsteht, bleibt gleichmäßig auf einem geringen Niveau. Er sinkt leicht mit der Anzahl der Gruppen, da der Algorithmus Reserven für jede einzelne Gruppe vorsieht.

4 Untersuchung von Netzmodellen

Im Folgenden werden verschiedene Typen von Netzmodellen mit den in Kapitel 3 eingeführten Methoden charakterisiert. Den Anfang machen zufällig-gleichverteilte Graphen, da sie als einfachste Form einer Netztopologie gelten und für grundlegende Untersuchungen verwendet werden [82, 81, 134]. Es folgen Untersuchungen zu populationsbasierten Modellen und lokal vernetzten Topologien, die beide auf Messdaten für biologische neuronale Netzwerke beruhen [64, 135].

4.1 Zufällig-gleichverteilte Graphen

Zufällige Graphen sind Netzmodelle, bei denen Verbindungen zwischen Knoten mit einer gewissen Wahrscheinlichkeit existieren. Der einfachste Fall ist dabei eine konstante Verbindungswahrscheinlichkeit p für alle möglichen Verbindungen zwischen zwei der N Neuronen des Netzes, wie sie bereits in Abschnitt 2.3 kurz eingeführt wurde. Häufig wird der Begriff „zufälliger Graph“ ausschließlich mit diesem Spezialfall identifiziert [82]. Um eine eindeutige Abgrenzung zu Modellen mit variierender Verbindungswahrscheinlichkeit zu erreichen, wird der Spezialfall konstanter Verbindungswahrscheinlichkeit im Folgenden als „zufällig-gleichverteilter Graph“ bezeichnet. Teilweise werden als alternative Erzeugungsvorschrift genau S Verbindungen pro Neuron zufällig erzeugt, was jedoch nur zu kleinen Differenzen in der Netzstruktur führt, die für große Graphen ($N \to \infty$) verschwinden [81]. Im Folgenden wird deshalb ausschließlich die erste Variante untersucht. Für die Skalierung zufällig-gleichverteilter Graphen gibt es zwei typische Varianten: Im ersten Fall bleibt die Verbindungswahrscheinlichkeit p unabhängig von der Netzgröße N konstant. Im zweiten Fall sinkt p mit der Netzgröße, so dass die erwartete Anzahl der Synapsen pro Neuronen S bleibt gleich. Das entspricht der Skalierungsvorschrift $p = S/N$ [81].

Durch die einfache Definition und Struktur zufällig-gleichverteilter Graphen lassen sich ihre Eigenschaften meist analytisch bestimmen, wie im Folgenden erläutert wird.

Grundlegende Kenngrößen Die Gradverteilungen in zufällig-gleichverteilten Graphen sind für alle Neuronen identisch, da alle Verbindungen gleiche Auftretenswahrscheinlichkeit aufweisen. Die Eingangs- und Ausgangsgradverteilung jedes Neurons folgt der gleichen Binomialverteilung (siehe Gleichung (3.1) in Abschnitt 3.1). Sie ist in Abbildung 4.1a dargestellt. Die Gradverteilung lässt sich durch durch den Erwartungswert μ_d und die Standardabweichung σ_d charakterisieren [136]:

$$\mu_d = N \cdot p = S \ , \quad \sigma_d = \sqrt{N \cdot p \cdot (1-p)} \ . \tag{4.1}$$

Für den Fall $p =$ konst. steigen μ_d und σ_d^2 linear mit N. Damit sinkt die Standardabweichung relativ zum Erwartungswert mit $\sqrt{N}$. Für eine Realisierung des Graphen bedeutet

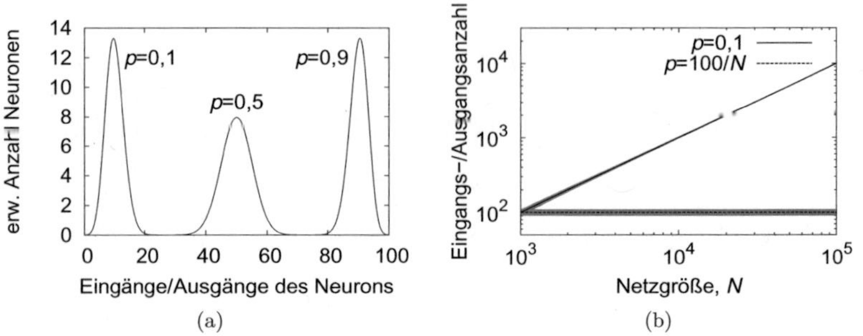

Abbildung 4.1: Gradverteilungen von zufällig-gleichverteilten Graphen: (a) Verteilung der Eingangs-/Ausgangsgrade für $N = 100$ Neuronen, (b) Skalierung des Erwartungswertes (Linie) und der Streuung (grauer Bereich, $1-\sigma$-Intervall) mit der Netzgröße.

das eine Verringerung der relativen Abweichungen zwischen den Graden unterschiedlicher Neuronen. Dies ist auch in Abbildung 4.1b zu erkennen. Für eine konstante mittlere Anzahl Synapsen pro Neuron, das heißt $\mu_d = S =$ konst., ist auch die Standardabweichung näherungsweise konstant: $\sigma_d \approx \sqrt{S}$.

Der Clusterkoeffizient bei zufällig-gleichverteilten Graphen ist gleich der Verbindungswahrscheinlichkeit p, da laut Definition alle Kanten unabhängig voneinander sind. Damit kann es, zumindest im Mittel, zu keiner Häufung oder Ausdünnung von Kanten zwischen Nachbarn eines Neurons kommen.

Für die Pfadlänge lässt sich kein einfacher analytischer Ausdruck angeben. Jedoch wurde gezeigt, dass sowohl die mittlere Pfadlänge als auch die maximale Pfadlänge (Netzwerkradius) mit N als $O(\log(N)/\log(S))$ skalieren [81]. Daraus folgt, dass für den Fall $p =$ konst. auch die Pfadlängen ungefähr konstant bleiben, während bei $S =$ konst. die Pfadlängen logarithmisch mit der Netzgröße wachsen.

Die Entropie zufällig-gleichverteilter Graphen lässt sich aus Gleichung (3.3) berechnen. Da alle Verbindungen gleiche Auftretenswahrscheinlichkeit p aufweisen, vereinfacht sich diese zu:

$$E = -N^2 \cdot (p \cdot \mathrm{ld}(p) + (1-p) \cdot \mathrm{ld}(1-p)) \ . \tag{4.2}$$

Für $p =$ konst. steigt die Entropie damit quadratisch mit der Netzgröße, da die Symbolentropie einer einzelnen Verbindung konstant bleibt. Für $S =$ konst. entwickelt sich die Entropie mit $O(N\log(N))$ und lässt sich für große N näherungsweise als $E \approx N \cdot S \cdot \mathrm{ld}(N)$ angeben. Anders ausgedrückt gibt es dann kein besseres Kodierungsschema, als für jede Synapse unabhängig voneinander die Adresse des sendenden Neurons zu speichern.

Rent's Rule Da zufällig-gleichverteilte Graphen per Definition keine Struktur in ihrer Konnektivität aufweisen, ist ihre Rent-Charakteristik unabhängig von der gewählten Partitionierung. Lediglich statistische Variationen in einer einzelnen Realisierung können beim

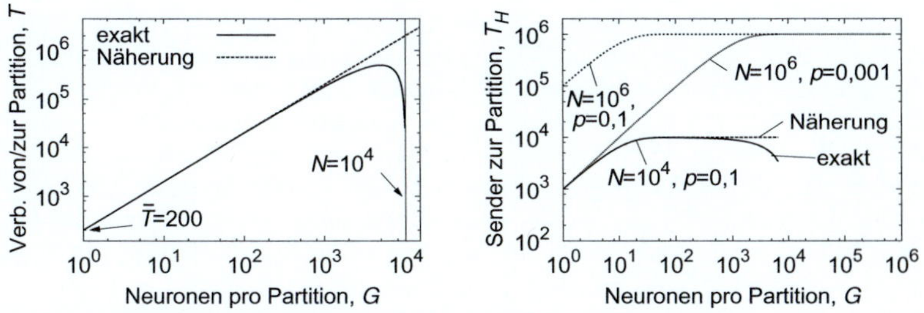

(a) (b)

Abbildung 4.2: Rent-Charakteristik für zufällig-gleichverteilte Graphen, (a) bei Verwendung von Einzelkanten, (b) mit Hyperkanten.

Partitionieren ausgenutzt werden. Diese sind jedoch bei größeren Netzen vernachlässigbar, wie zum Beispiel in Abbildung 4.1b die Variationen im Vergleich zur Netzgröße zeigen. Dadurch lässt sich die Rent-Charakteristik in guter Näherung durch Berechnung der erwarteten Anzahl an Einzelverbindungen T einer Partition bestimmen. Für eine Partition mit G Neuronen lässt sich T aus der Anzahl möglicher Verbindungen zur Partition, $(N-G)$, berechnen:

$$T(G) = 2 \cdot (N - G) \cdot p \cdot G^1 \approx 2 \cdot N \cdot p \cdot G^1 \, . \tag{4.3}$$

Die Näherung auf der rechten Seite gilt dabei für $G \ll N$.

Abbildung 4.2a zeigt die zugehörige Rent-Charakteristik für Einzelkanten. Aus der Abbildung und Gleichung (4.3) ergeben sich die Rent-Parameter zu $\overline{T} = 2 \cdot N \cdot p$ und $r = 1$. Der Rent-Exponent r nimmt damit seinen maximal möglichen Wert an. Anschaulich bedeutet das, dass sich bei Vereinigung zweier Partitionen gleicher Größe nicht nur G, sondern auch T verdoppelt, das heißt die Pins der Einzelpartitionen addieren sich. Demzufolge ist der Anteil der Verbindungen zwischen beiden Partitionen vernachlässigbar gegenüber der Anzahl der Verbindungen von/nach außen. Es lassen sich damit durch Vereinigung der Partitionen so gut wie keine Pins gegenüber einer getrennten Realisierung einsparen.

Die Rent-Charakteristik für Hypergraphen lässt sich aus der Wahrscheinlichkeit, dass ein externes Neuron nicht zur Partition sendet, $(1-p)^G$, berechnen:

$$T_H(G) = (N - G) \cdot \left(1 - (1-p)^G\right) \approx N \cdot \left(1 - (1-p)^G\right) \approx N \cdot p \cdot G \, . \tag{4.4}$$

Die erste Näherung gilt dabei wieder für $G \ll N$, während die zweite Näherung nur für kleine Partitionen ($p \cdot G \ll 1$) gültig ist. Abbildung 4.2b zeigt die zugehörige Rent-Charakteristik. Wie von der zweiten Näherung in Gleichung (4.4) vorhergesagt, steigt diese von $\overline{T}_H = N \cdot p$ mit $r = 1$ an. Dieser lineare Anstieg geht erst in der Nähe des Maximalwertes $T_H = N$ in einen Sättigungsbereich über. Diese Sättigung wird für $S = N \cdot p \gg 1$ auf jeden Fall erreicht, was für neuronale Netzstrukturen im Allgemeinen der Fall ist. Die erste Näherung in Gleichung (4.4) ist bis auf die globale Partitionierung ($G \to N$) gut anwendbar, insbesondere gilt sie bis in den Sättigungsbereich. Darüberhinaus ist sie in diesem Bereich gleich $T_H(G) + G$, das heißt es wird zusätzlich zu den eingehenden Axonen, repräsentiert durch $T_H(G)$, das ausgehende Axon jedes der G Neuronen der Partition mit hinzugezogen, und damit auch die maximal mögliche Anzahl an Ausgängen mit berücksichtigt. Diese Näherung wird deshalb für die folgenden Berechnungen verwendet.

Beim Vergleich mit der begrenzenden Rent-Charakteristik aus Abschnitt 3.2.3 ergibt sich als kritischer Bereich der Übergang in die Sättigung: Dort übersteigen die benötigten Pins am ehesten die maximal verfügbare Anzahl (vergleiche auch Abbildung 4.3b unten). Für den Grenzfall eines gerade noch kompatiblen Netzes ist eine der Geraden der begrenzenden Rent-Charakteristik die Tangente an die Rent-Charakteristik $T_H(G)$ des zufällig-gleichverteilten Netzes. Im Berührungspunkt ist der Anstieg von $T_H(G)$ im doppeltlogarithmischen Maßstab gleich einem der Rent-Exponenten $r = 1/2$ oder $r = 2/3$ der begrenzenden Rent-Charakteristik. Dieser Anstieg lässt sich berechnen als:

$$r(G) = \frac{\mathrm{d}(\log(T))}{\mathrm{d}(\log(G))} = -\frac{\log(1-p) \cdot (1-p)^G \cdot G}{1-(1-p)^G} \, . \tag{4.5}$$

Unter Verwenden der Substitution $z = (1-p)^G$ erhält man:

$$r = -\frac{z \log(z)}{1-z} \, . \tag{4.6}$$

Diese Gleichung lässt sich nur numerisch nach z auflösen. Daraus ergeben sich die Werte $z(r = 1/2) = 0,285$ und $z(r = 2/3) = 0,466$. Durch Rücksubstitution erhält man:

$$G_{\text{tang}} = \frac{\log(z(r))}{\log(1-p)} \, , \; T_{\text{tang}} = N \cdot (1 - z(r)) \, . \tag{4.7}$$

Einsetzen dieses kritischen Punktes in beide Teile der begrenzenden Rent-Charakteristik ergibt jeweils eine maximale Netzgröße N_{lim} bei gegebenem p:

$$\begin{aligned} T_{\text{tang}} &= T_x = \overline{T}_x \cdot G_{\text{tang}}^{r_x} \\ \rightarrow \; N_{\text{lim}} &= \frac{\overline{T}_x}{1 - z(r_x)} \cdot \left(\frac{\log(z(r))}{\log(1-p)} \right)^{r_x} \, , \end{aligned} \tag{4.8}$$

von der der kleinere Wert die tatsächliche Begrenzung der Netzgröße darstellt.

Abbildung 4.3a zeigt die Skalierung der maximalen Netzgröße mit der Verbindungswahrscheinlichkeit. Alle Netze (N, p) unterhalb beider Kurven erfüllen die Kriterien der begrenzenden Rent-Charakteristik. Das Ergebnis lässt sich beispielhaft durch Vergleich mit der begrenzenden Rent-Charakteristik validieren, wie in Abbildung 4.3b gezeigt wird. Während Fall A kompatibel ist, verletzt Fall B den gültigen Modellbereich, wie es in Abbildung 4.3a vorhergesagt wurde.

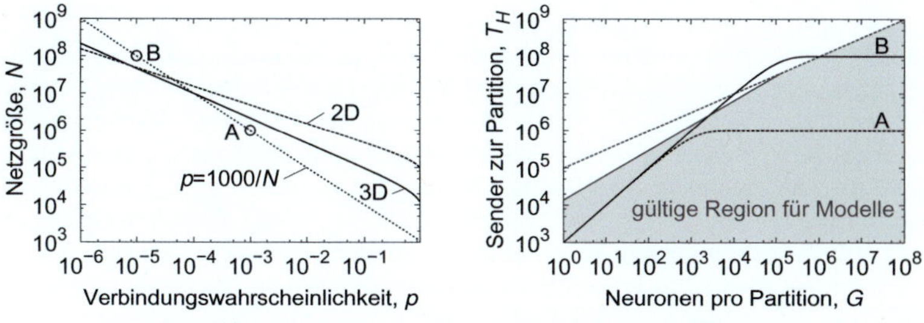

Abbildung 4.3: Maximale Skalierung zufällig-gleichverteilter Netze: (a) maximale Netzgröße N_{lim} in Abhängigkeit von der Verbindungswahrscheinlichkeit p für die beiden Teile (2D/3D) der begrenzenden Rent-Charakteristik; die gestrichelte Linie repräsentiert die Skalierung mit konstanter Anzahl an Synapsen pro Neuron, $S = 1000$; (b) Gegenüberstellung der in (a) gekennzeichneten Fälle (A, B) mit der begrenzenden Rent-Charakteristik aus Abbildung 3.13.

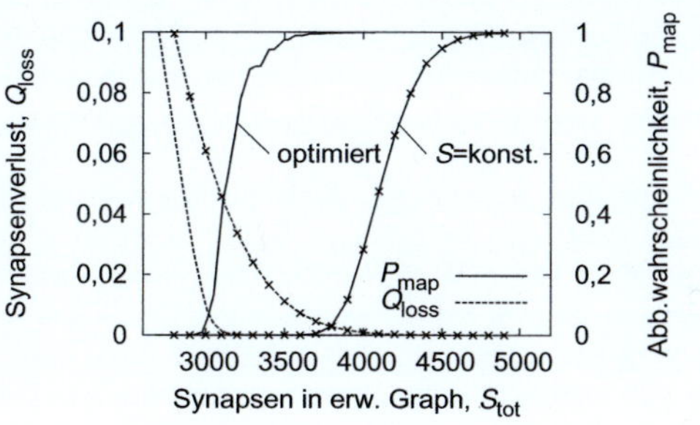

Abbildung 4.4: Abbildungsqualität der beiden in Abschnitt 3.3.3 eingeführten ungruppierten Generierungsalgorithmen für einen zufällig-gleichverteilten Graphen mit $N = 100$ und $p = 0,3$.

Erweiterter Graph In Abschnitt 3.3.3 wurden Methoden zur Beschreibung zufälliger Graphen mit einem erweiterten Graphen entwickelt. Als Beispiel dazu dienten bereits zufällig-gleichverteilte Graphen. Die dort durchgeführten Untersuchungen sollen im Folgenden weitergeführt werden.

Für einen gegebenen zufällig-gleichverteilten Graphen (N, p) lassen sich verschiedene erweiterte Graphen generieren, je nachdem wie Neuronen in Gruppen eingeteilt werden. Der einfachste Fall ist dabei eine einzelne Gruppe mit allen Neuronen des Graphen, das heißt die Neuronen sind untereinander ungruppiert. Unabhängig davon kann der Modifikationsfaktor h_p der Algorithmen in Abschnitt 3.3.3 variiert werden. Dadurch lässt sich die Abbildungsqualität einer Realisierung des zufälligen Graphen auf den erweiterten Graphen beeinflussen. Wie in Abschnitt 3.3.3 eingeführt, kann diese durch die Abbildungswahrscheinlichkeit P_{map} und den erwarteten relativen Synapsenverlust Q_{loss} charakterisiert werden.

In Abbildung 4.4 ist die Abbildungsqualität mit den beiden ungruppierten Generierungsvarianten aus Abschnitt 3.3.3 für einen Beispielgraphen dargestellt. Der optimierte, an der Eingangsgradverteilung orientierte Generierungsalgorithmus erreicht eine hohe Abbildungsqualität schon bei einer deutlich niedrigeren Gesamtanzahl an Synapsen als für den Fall einer konstanten Anzahl Synapsen pro Neuron ($S =$ konst.). Grund dafür ist, dass für $S =$ konst. alle Neuronen auf eine maximal zu tolerierende Anzahl an Synapsen pro Neuron eingestellt werden müssen, während der optimierte Algorithmus nur wenige solcher Neuronen bereitstellt. Er wird deshalb durchgehend für die weiteren Untersuchungen verwendet. Es ist zu erwarten, dass der Vorteil des Algorithmus mit steigender Anzahl Synapsen pro Neuron vernachlässigbar ist, da die relativen Variationen in der Eingangsgradverteilung sinken, vergleiche Abbildung 4.1b. Wie in Abschnitt 3.3.3 angesprochen, kann demgegenüber der Fall $S =$ konst. für Realisierungen in neuromorpher Hardware von Vorteil sein, da er eine regelmäßige Anordnung der Synapsen als Matrix ermöglicht.

Abbildungen 4.5a und 4.5b stellen die Entwicklung der Gesamtanzahl der Synapsen und des Konfigurationsspeichers mit der Anzahl der Gruppen dar. Die Synapsenanzahl steigt kontinuierlich mit der Anzahl der Gruppen an. Wie in Abschnitt 3.3.3 angesprochen, wird dies durch die sinkende Flexibilität bei der Zuordnung der Synapsen für eine einzelne Realisierung verursacht: Da ein Neuron für jede Neuronengruppe getrennt Synapsen bereitstellt, die nicht mehr zwischen Gruppen verschoben werden können, muss es auch für jede Gruppe separat genügend Reserven aufweisen, um statistische Variationen in der Synapsenanzahl auszugleichen.

Auch die Flexibilität bei der Zuordnung von Neuronen der Realisierung zu Neuronen des erweiterten Graphen lässt sich bei größerer Gruppenanzahl K praktisch nicht mehr ausnutzen. Im ungruppierten Fall gibt es nur die Bedingung, dass ein Neuron der Realisierung maximal genau so viele Synapsen aufweisen darf wie das Neuron im erweiteren Graphen, dem es zugeordnet wird. Im gruppierten Fall gilt diese Bedingung für jede Gruppe separat, das heißt ein Neuron der Realisierung muss für alle Gruppen weniger oder gleich viele Synapsen aufweisen wie das zugeordnete Neuron im erweiterten Graphen. Es spielt damit die Kombination der Synapsenanzahlen für alle Gruppen eine Rolle. Die Anzahl dieser Kombinationen wächst exponentiell mit K, beispielsweise als 2^K allein für eine binäre Entscheidung viele/wenige Synapsen. Für jede dieser Kombinationen müsste zumindest ein Neuron vorgehalten werden, was bei größerem K nicht möglich ist. Deshalb muss letztlich jedes Neuron des erweiterten Graphen ausreichend Reserven für die Abbildung der Synapsen in jeder Gruppe aufweisen. Im Grenzfall $K = N$, das heißt Gruppengröße 1, ist jede Synapse einer einzelnen Verbindung zwischen zwei Neuronen zugeordnet; ein Ausgleich zwischen realisierten und nicht realisierten Synapsen ist nicht möglich. In diesem Fall müssen (fast) alle möglichen Verbindungen durch separate Synapsen realisiert werden, da jede weggelassene Synapse automatisch den absoluten Synapsenverlust um den Wert der Verbindungswahrscheinlichkeit p erhöht. In Abbildung 4.5a endet die Kurve deshalb bei $N^2 = 10000$.

Für diesen Fall ($K = N$) ist kein Konfigurationsspeicher notwendig, da Synapsen nicht zwischen Eingängen auswählen können. Deshalb endet die Kurve in Abbildung 4.5b bei

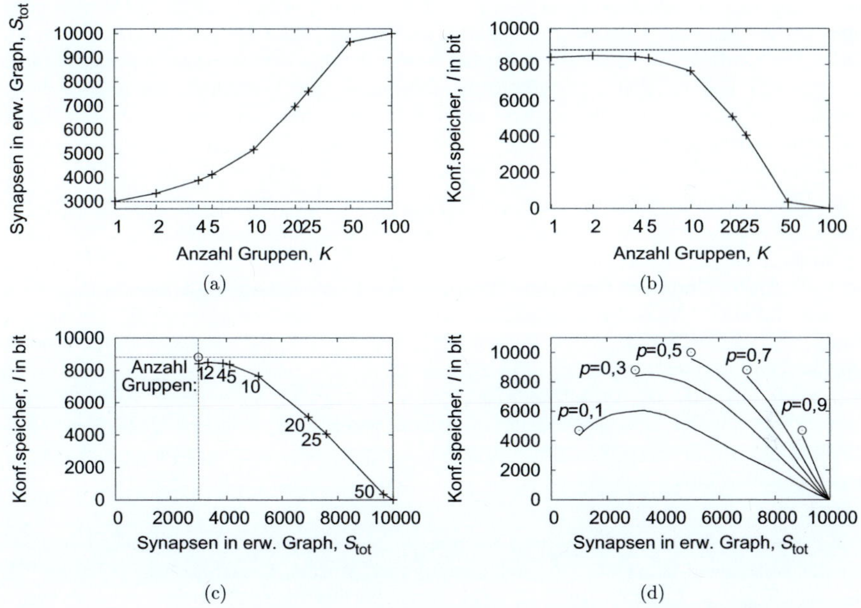

Abbildung 4.5: Ergebnisse der gruppierten Generierung für den Beispielgraphen mit $N = 100$ und $p = 0,3$. (a) Gesamtanzahl Synapsen und (b) Konfigurationsspeicher in Abhängigkeit der Gruppenanzahl; (c) Konfigurationsspeicher über Synapsenanzahl als parametrische Kurve über die Gruppenanzahl, der Kreis stellt die aus den Graphenkenngrößen erwarteten Werte (Erwartungswert Synapsenanzahl, Entropie) dar; (d) parametrische Kurven für verschiedene Verbindungswahrscheinlichkeiten p bei einer Netzgröße von $N = 100$, erwartete Werte sind wie in (c) als Kreis dargestellt.

0. Der Anfangswert der Kurve für den ungruppierten Fall $K = 1$ stimmt ungefähr mit dem theoretisch ermittelten Entropiewert des Graphen (gestrichelte Linie) überein. Der Konfigurationsspeicher des ungruppierten erweiterten Graphen ist geringfügig geringer, da die Anzahl der Synapsen für jedes Neuron bei der Generierung festgelegt wurde, wodurch der Freiheitsgrad der variierenden Anzahl an Synapsen im gegebenen zufälligen Graphen entfällt. Mit zunehmender Anzahl an Gruppen nehmen die Konfigurationsmöglichkeiten der Synapsen kontinuierlich ab, da jede nur innerhalb einer Gruppe verschoben werden kann. Überlagert wird dieser Effekt durch die zunehmende Anzahl an Synapsen zum Ausgleichen der sinkenden Flexibilität bei der Synapsenplatzierung (siehe Abbildung 4.5a). Stellt ein Neuron in einer Gruppe Synapsen für weniger als für die Hälfte der möglichen N/K Eingänge bereit, wächst der Konfigurationsspeicher mit jeder hinzugefügten Synapse, da der Binomialkoeffizient $\binom{N/K}{S_k}$ aus Gleichung 3.19 ansteigt. Anschaulich betrachtet muss

die Platzierung der hinzugefügten Synapse zusätzlich gespeichert werden. Gibt es dagegen mehr Synapsen in der Gruppe, das heißt $S_k \geq N/(2K)$, sinkt der Binomialkoeffizient und damit der Konfigurationsspeicher mit jeder weiteren Synapse. Vereinfacht ausgedrückt ist es in diesem Fall für den Speicheraufwand effizienter, die Positionen der nicht belegten Eingänge zu speichern, wodurch jeder zusätzlich durch eine Synapse belegte Eingang zu Speichereinsparung führt.

Aus dieser Überlagerung lässt sich der Verlauf des Konfigurationsspeichers in Abbildung 4.5b erklären, der zunächst geringfügig ansteigt, bevor er kontinuierlich gegen Null strebt. Dieser ist auch in der parametrischen Kurve in Abbildung 4.5c zu sehen. Diese Darstellung setzt die Entwicklung der Synapsenanzahl und des Konfigurationsspeichers in Beziehung. Je nach Aufwand für die Implementierung einer Synapse beziehungsweise des zusätzlichen Konfigurationsspeichers kann aus diesem Diagramm ein günstiger Punkt für eine Hardwarerealisierung ausgewählt werden. Ein Beispiel dazu wird in Abschnitt 6.2 gegeben (siehe insbesondere Abbildung 6.10). Wie Abbildung 4.5d zeigt, ist der Anstieg des Konfigurationsspeichers mit der Synapsenanzahl bei kleinen Verbindungswahrscheinlichkeiten p noch ausgeprägter als im obigen Beispiel. Für $p \geq 0,5$ ergibt sich dagegen erwartungsgemäß eine kontinuierlich abfallende Kurve.

In Abbildung 4.6 ist die Skalierung der Synapsenanzahl und des Konfigurationsspeichers mit der Netzgröße dargestellt. Bei der Gruppierung wurden dabei die beiden Extremfälle mit Gruppengröße 1 und Gruppenanzahl 1 (das heißt ungruppiert), sowie zwei dazwischenliegende Werte ausgesucht. Für den Fall konstanter Verbindungswahrscheinlichkeit ergibt sich ein quadratischer Anstieg der Synapsenanzahl für die beiden Extremfälle, wie Abbildung 4.6a zeigt. Der ungruppierte Fall ist dabei ungefähr identisch mit der erwarteten Anzahl an Synapsen, die $p \cdot N^2$ beträgt. Das bedeutet, dass für die betrachteten Netzgrößen die Reserven im erweiterten Graphen zum Ausgleich zufälliger Variationen kaum ins Gewicht fallen. Bei Gruppengröße 1 müssen hingegen alle möglichen N^2 Verbindungen realisiert werden. Die beiden Zwischenwerte mit konstanter Gruppengröße beziehungsweise Gruppenanzahl nähern sich den zugehörigen Extremwerten an. Bei der Skalierung des Konfigurationsspeichers, die in Abbildung 4.6b dargestellt ist, ergibt sich ebenfalls generell ein quadratischer Anstieg. Im Unterschied zur Synapsenanzahl sind die Unterschiede zwischen den Gruppierungen relativ gering, das heißt eine größere Synapsenanzahl wird teilweise durch einen geringeren Konfigurationsspeicher pro Synapse kompensiert. Grenzfall dafür ist die Gruppengröße 1, bei der der Konfigurationsspeicher null wird.

Wird die Verbindungswahrscheinlichkeit mit der Netzgröße verringert, das heißt es gilt $S = N \cdot p =$ konst., hängt die Skalierung der Synapsenanzahl stark von der gewählten Gruppierung ab, wie Abbildung 4.6c zeigt. Für den ungruppierten Fall (Gruppenanzahl 1) wird die konstante Synapsenanzahl pro Neuron voll ausgenutzt, wodurch sich ein näherungsweise linearer Anstieg ergibt. Bei Gruppengröße 1 sind dagegen wiederum alle möglichen N^2 Verbindungen zu realisieren, was einen quadratischen Anstieg bedeutet. Die Zwischenwerte nähern sich wieder an die Extremwerte der Gruppierung an. Ein vergleichbares Skalierungsverhalten ergibt sich für den Konfigurationsspeicher, wie Abbildung 4.6d zeigt.

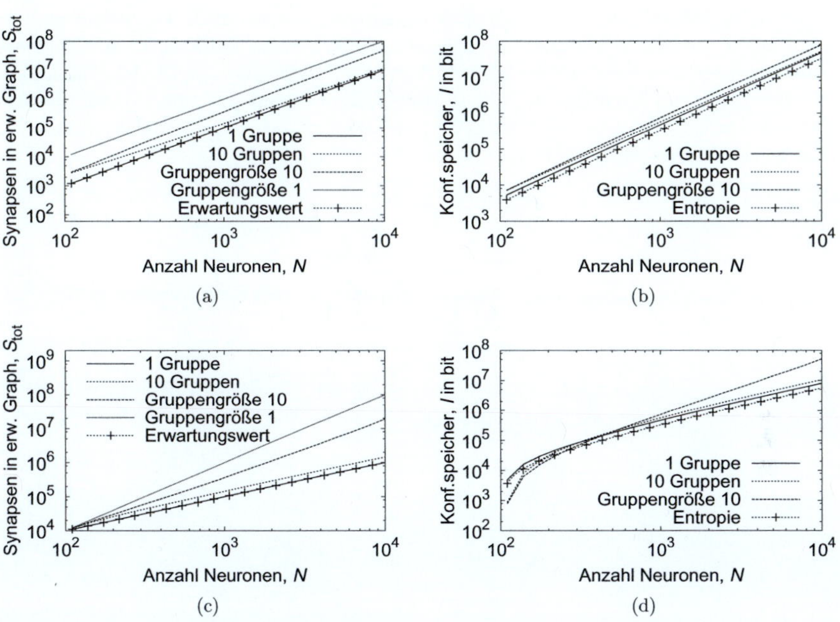

Abbildung 4.6: Skalierung der generierten erweiterten Graphen für das zufällig-gleichverteilte Netzmodell. Dargestellt sind jeweils die Synapsenanzahl und der Konfigurationsspeicher für den Fall $p = \text{konst.} = 0,1$ ((a) und (b)) und den Fall $S = \text{konst.} = N \cdot p = 100$ ((c) und (d)).

4.2 Populationsbasierte Modelle

Die Annahme einer uniformen Verbindungswahrscheinlichkeit, die zufällig-gleichverteilten Graphen zugrundeliegt, ist als *Peters Gesetz* auch bei biologischen Messungen bekannt [31] (siehe Abschnitt 2.2.2). Mit ihr lassen sich Verbindungswahrscheinlichkeiten aus der Messung einzelner Verbindungen zwischen Neuronen rekonstruieren. Die gemessenen Werte unterscheiden sich jedoch je nach den Zelltypen der beteiligten Neuronen [61]. Eine naheliegende Erweiterung zufällig-gleichverteilter Graphen ist deshalb, die Verbindungswahrscheinlichkeit vom Zelltyp des sendenden und empfangenden Neurons abhängig zu machen, ansonsten aber weiterhin konstant zu halten [80]. Wie bereits in Abschnitt 2.3 kurz eingeführt, werden dazu Neuronen zu sogenannten *Populationen* zusammengefasst. Alle Neuronen einer Population weisen die gleichen Eigenschaften auf, wie zum Beispiel einen identischen Zelltyp oder gleiche Parameter. Synaptische Verbindungen werden durch *Projektionen* zwischen Populationen beschrieben, wobei wiederum die Verbindungen einer Projektion gleiche Eigenschaften haben. Die einfachste Art der Projektion weist wie die zufällig-gleichverteilten Graphen eine konstante Verbindungswahrscheinlichkeit über alle ihre Verbindungen auf. Netze mit solchen Projektionen werden in dieser Arbeit als *populationsbasierte Modelle* bezeichnet. Das Beispielnetzwerk aus Abbildung 3.1 gehört diesem Typ an. Im Folgenden werden die Eigenschaften populationsbasierter Modelle anhand der drei Netzmodelle von Kremkow et al. [64], Häusler und Maass [137], und Lundqvist et al. [63] untersucht. Als Beispiel zeigt Abbildung 4.7 schematisch die Populationen und Projektionen für das Modell von Häusler und Maass.

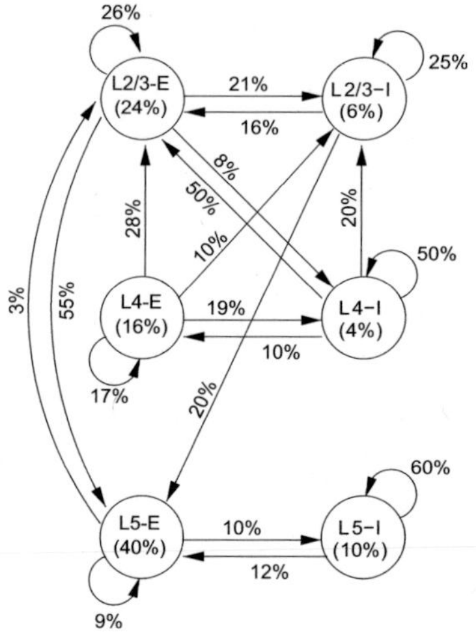

Abbildung 4.7: Schematische Darstellung des Netzmodells von Häusler und Maass [137]. Populationen sind durch Kreise, Projektionen durch Pfeile dargestellt. Prozentwerte geben die Anzahl der Neuronen einer Population relativ zur Netzgröße beziehungsweise die Verbindungswahrscheinlichkeiten an.

Grundlegende Kenngrößen Abbildung 4.8 zeigt die Verbindungsmatrizen und die Gradverteilungen der drei untersuchten populationsbasierten Modelle für eine Netzgröße von $N = 500$. Ihre Struktur ist jeweils gut aus den Verbindungsmatrizen ablesbar. Sie zeichnet sich durch rechteckförmige Bereiche mit gleicher Verbindungswahrscheinlichkeit aus.

Aus der Verbindungsmatrix lassen sich auch die Erwartungswerte der Eingangs- und Ausgangsgrade anschaulich ableiten: Sie sind jeweils die Summe aller Verbindungswahrscheinlichkeiten in einer Zeile oder Spalte. Für ein Neuron der Population j ergibt sich daraus:

$$\mu_{d_{\text{in}}}(j) = \sum_{i=1}^{P} N_i \cdot p_{i,j} \ , \quad \mu_{d_{\text{out}}}(j) = \sum_{i=1}^{P} N_i \cdot p_{j,i} \ . \tag{4.9}$$

Dabei ist P die Anzahl der Populationen, N_i die Anzahl der Neuronen in Population i und $p_{i,j}$ die Verbindungswahrscheinlichkeit von Population i zu j. In Abbildung 4.8 sind diese Werte neben der Verbindungsmatrix dargestellt.

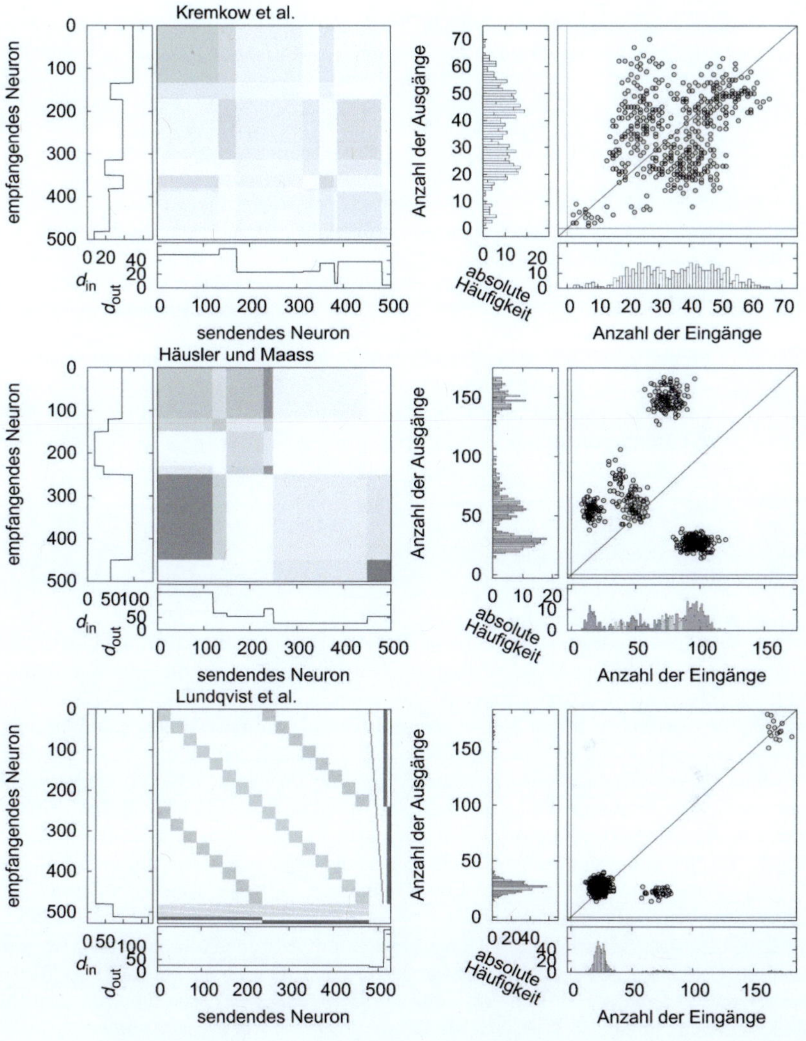

Abbildung 4.8: Matrizen der Verbindungswahrscheinlichkeiten und Gradverteilungen für die drei untersuchten populationsbasierten Modelle: Kremkow et al. [64], Häusler und Maass [137], Lundqvist et al. [63]; linke Spalte: Verbindungsmatrizen und Erwartungswerte der Eingangs- und Ausgangsgrade; rechte Spalte: Streudiagramme und Histogramme der Eingangs- und Ausgangsgrade für eine Realisierung des Netzmodells.

Die erwartete Besetzungsdichte ρ_p, das heißt die mittlere Verbindungswahrscheinlichkeit, lässt sich aus der gewichteten Summe der Eingangs- oder Ausgangsgrade berechnen:

$$\rho_p = \frac{1}{N^2} \sum_{j=1}^{P} \mu_{d_{\text{in}}}(j) \cdot N_j = \frac{1}{N^2} \sum_{j=1}^{P} \sum_{i=1}^{P} N_i N_j \cdot p_{i,j} \,. \tag{4.10}$$

Die Netzmodelle von Kremkow et al. und Häusler und Maass definieren ihre Populationsgrößen relativ zur Netzgröße (vergleiche Abbildung 4.7), damit ist ihre erwartete Besetzungsdichte konstant. Die erste Spalte in Tabelle 4.1 listet sie auf. Für das Modell von Lundqvist et al. variiert die Verbindungsdichte mit der Netzgröße, siehe Abbildung 4.9a.

Tabelle 4.1: Besetzungsdichte, Clusterkoeffizienten und mittlere Symbolentropien für die untersuchten populationsbasierten Modelle. Die rechte Spalte gibt zum Vergleich die Symbolentropie eines zufällig-gleichverteilten Graphen mit gleicher Verbindungsdichte an.

	ρ_p	c_{in}	c_{out}	$\overline{E}_{\text{symb}}$	$E_{\text{symb}}(\rho_p)$
Kremkow et al.	0,07	0,098	0,094	0,32 bit	0,37 bit
Häusler et al.	0,136	0,211	0,177	0,40 bit	0,57 bit
Lundqvist et al.	variabel, siehe Abbildung 4.9				

Da populationsbasierte Modelle aus einer Kombination zufällig-gleichverteilter Bereiche bestehen, sind ihre Gradverteilungen eine Überlagerung mehrerer Binomialverteilungen. Dies ist je nach Modell mehr oder weniger deutlich aus den in der unteren Reihe von Abbildung 4.8 gezeigten Diagrammen zu erkennen. Daraus lassen sich auch die Neuronen der unterschiedlichen Populationen anhand ihrer charakteristischen Kombination von Eingangs- und Ausgangsgrad unterscheiden. Beim Modell von Kremkow et al. sind die Unterschiede in der Konnektivität zwischen Populationen relativ schwach ausgeprägt, was sowohl aus der Verbindungsmatrix als auch aus dem Streudiagramm ersichtlich wird. Das Modell von Häusler und Maass zeigt Gruppen von Populationen mit ähnlichen Gradverteilungen. Im Streudiagramm des Modells von Lundqvist et al. sind die drei enthaltenen Zelltypen anhand ihrer Konnektivität gut voneinander zu unterscheiden, während Einzelpopulationen eines Zelltyps verschmelzen.

Für die Clusterkoeffizienten lässt sich der Erwartungswert ebenfalls analytisch berechnen. Dazu kann Gleichung (3.2) direkt angewendet werden. Die in ihr enthaltenen Werte für Eingangs- und Ausgangsgrade wurden bereits in Gleichung (4.9) berechnet, die Anzahl der Kanten zwischen Eingängen lässt sich als Erwartungswert wie folgt formulieren:

$$\mu_{e_j^{\text{in}}} = \sum_{i_1=1}^{P} \sum_{i_2=1}^{P} \underbrace{\frac{1}{2} \cdot N_{i_1} \cdot N_{i_2}}_{\text{Anzahl Kantenpaare}} \cdot \underbrace{p_{i_1,j} \cdot p_{i_2,j}}_{\text{Existenzwahrsch.}} \cdot \underbrace{(p_{i_1,i_2} + p_{i_2,i_1})}_{\text{Beitrag zu } e_j} \tag{4.11}$$

Diese Gleichung gilt sinngemäß für die Verbindungen zwischen Ausgängen. Hierzu müssen lediglich die Existenzwahrscheinlichkeiten ausgetauscht werden. Der Clusterkoeffizient über

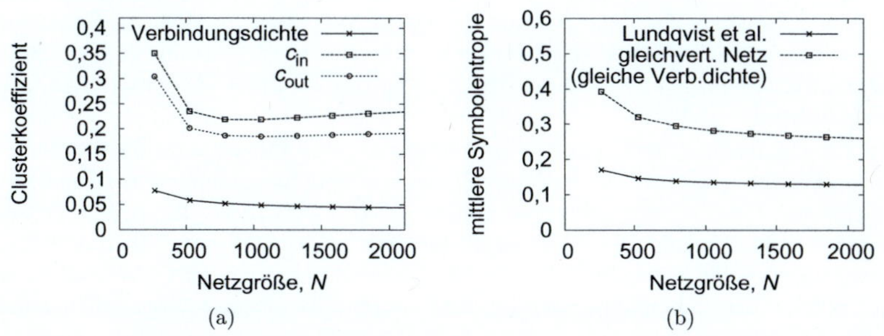

Abbildung 4.9: Skalierung des Clusterkoeffizienten (a) und der Entropie (b) mit der Netzgröße. Nur die Anzahl der Makrospalten wurde variiert.

Eingänge oder Ausgänge ergibt sich jeweils als gewichtetes Mittel der Einzelwerte aus Gleichung (3.2):

$$c = \frac{1}{N} \cdot \sum_{j=1}^{P} N_j \cdot c(j) = \frac{1}{N} \cdot \sum_{j=1}^{P} N_j \cdot \frac{\mu_{e_j}}{\mu_d(j) \cdot (\mu_d(j) - 1)} \tag{4.12}$$

Für die Modelle von Kremkow et al. und Häusler und Maass sind auch die Clusterkoeffizienten unabhängig von der Netzgröße. Ihre Werte sind in Tabelle 4.1 angegeben. Für das Modell von Lundqvist et al. ändern sich die Clusterkoeffizienten dagegen, wie in Abbildung 4.9a dargestellt ist, da die Anzahl der Populationen mit der Netzgröße erhöht wird. Trotzdem konvergieren die Werte. Alle Clusterkoeffizienten liegen über der mittleren Verbindungsdichte, die den Referenzwert für zufällig-gleichverteilte Graphen darstellt. Dieser Unterschied spiegelt die innere Struktur der Modelle wider, da ein erhöhter Clusterkoeffizient ein Maß für die Strukturiertheit eines Netzes ist, das heißt die Korreliertheit der Verbindungen zwischen Neuronen abbildet. In gleichem Maße würde ein verringerter Clusterkoeffizient einer negativen Korrelation entsprechen. Am deutlichsten ist der Unterschied bei dem Modell von Lundqvist et al. ausgeprägt. Bei dem Modell von Häusler und Maass fällt er deutlich geringer aus, während das Modell von Kremkow et al. nur einen geringen Unterschied aufweist.

Die Entropie populationsbasierter Modelle lässt sich wie der Clusterkoeffizient analytisch berechnen als Summe über alle Populationen:

$$E = -\sum_{i=1}^{P} \sum_{j=1}^{P} N_i \cdot N_j \left[p_{i,j} \log(p_{i,j}) + (1 - p_{i,j}) \log(1 - p_{i,j})\right] = N^2 \cdot \overline{E}_{\text{symb}} \tag{4.13}$$

Die sich daraus ergebende mittlere Symbolentropie $\overline{E}_{\text{symb}}$, das heißt der Mittelwert der Entropie pro Verbindung, kann dann mit dem Wert für einen gleichverteilten Graphen gleicher Verbindungsdichte verglichen werden. Auch hier ist dieser Wert konstant für die Modelle von Kremkow et al. und Häusler und Maass. Wie Abbildung 4.9b zeigt, konvergiert er ebenfalls für das Modell von Lundqvist et al. Im Vergleich zu zufällig-gleichverteilten Graphen ist die mittlere Entropie deutlich geringer. Das ensteht durch die variierenden Verbindungswahrscheinlichkeiten und ist analog zu dem Umstand, dass unterschiedlich häufig auftretende Symbole immer zu einer niedrigeren Entropie führen als Symbole mit gleicher Auftretenswahrscheinlichkeit.

Die unterschiedlichen Verbindungswahrscheinlichkeiten führen damit sowohl zu einer niedrigeren Entropie, als auch zu von der mittleren Verbindungsdichte abweichenden Clusterkoeffizienten. Einen ähnlichen Effekt hätten auch voneinander abhängige Verbindungen in einem Netzmodell: Die Abhängigkeiten würden sowohl den Clusterkoeffizienten verändern als auch die gesamte Entropie des Netzes herabsetzen. Zu beachten ist dabei, dass sich solche Zusammenhänge nur für bestimmte Typen von Netzmodellen aufstellen lassen. Im Allgemeinen lässt sich deshalb kein Rückschluss aus dem Clusterkoeffizienten auf die Entropie eines Netzes schließen.

Rent's Rule Anders als für zufällig-gleichverteilte Netze lässt sich für populationsbasierte Modelle keine analytische Lösung für die erwartete Rent-Charakteristik angeben, da diese von der konkreten Partitionierung der Neuronen abhängt. Zur Untersuchung wurden deshalb Realisierungen der untersuchten Netzmodelle mit $N = 1000$ Neuronen wie in Abschnitt 3.2.1 beschrieben partitioniert, und ihre Rent-Charakteristik bestimmt.

Abbildung 4.10 zeigt die Rent-Charakteristiken für Einzelkanten und Hyperkanten. Für kleine Partitionsgrößen steigen alle Rent-Charakteristiken wie bei zufällig-gleichverteilten Graphen linear an. Lediglich für große Partitionen ist ein Abflachen erkennbar. Diese Charakteristik spiegelt die Netzstruktur wider: Innerhalb der Populationen sind die Verbindungen gleichverteilt; eine Strukturierung erfolgt nur zwischen ihnen. Demzufolge korrespondiert die Übergangsstelle ungefähr mit der Größe der Partitionen des jeweiligen Netzmodells: Sie liegt zum Beispiel für das Modell von Lundqvist et al. deutlich niedriger als für die anderen beiden Netze. Sind die Populationen im Netzmodell unterschiedlich groß, ergibt sich ein kontinuierlicher Übergang der Rent-Charakteristik im Bereich zwischen der kleinsten und größten Partition. In diesem Bereich ist ein Teil der Populationen partitioniert, der andere Teil dagegen nicht. Die Rent-Charakteristik stellt einen Mittelwert aus beiden Teilen dar.

Ein Vergleich der Rent-Charakteristiken für Hyperkanten mit der begrenzenden Rent-Charakteristik hängt sehr von der Größe der Populationen ab und ist damit stark modellabhängig. Für die Netzmodelle von Häusler und Maass und Kremkow et al. skaliert die Populationsgröße relativ zur Netzgröße, wodurch die Populationsstruktur immer nur bei den jeweils größten Partitionen eine Rolle spielt. Damit verhalten sich die zugehörigen Netzrealisierungen im Wesentlichen wie zufällig-gleichverteilte Graphen mit $p =$ konst. und unterliegen dadurch qualitativ den gleichen Beschränkungen. Allerdings wird für die auftretenden mittleren Verbindungswahrscheinlichkeiten die begrenzende Rent-Charakteristik erst oberhalb von $N = 10^5$ Neuronen überschritten (vergleiche Abbildung 4.3a), und damit bei einer Netzgröße, für die diese Modelle ursprünglich nicht entworfen wurden.

Im Gegensatz zu den beiden obigen Netzmodellen sind bei dem Modell von Lundqvist et al. die Populationsgrößen unabhängig von der Netzgröße. Es skaliert stattdessen die Anzahl der Populationen. Dadurch wird die Rent-Charakteristik und ihre Kompatibilität

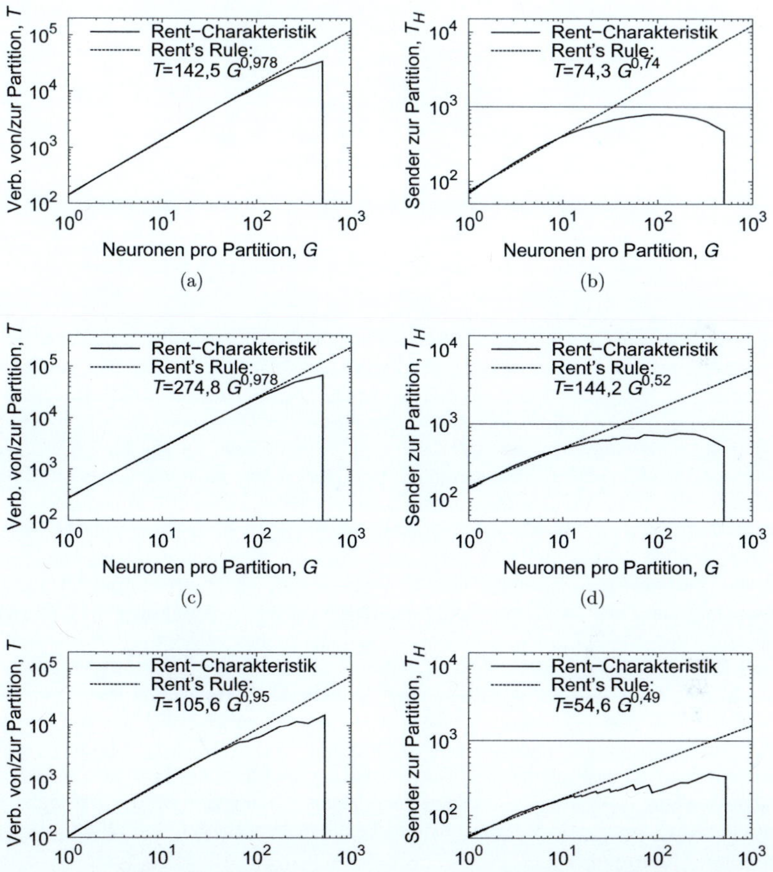

Abbildung 4.10: Rent-Charakteristiken für die drei untersuchten populationsbasierten Modelle: Kremkow et al. ((a), (b)), Häusler und Maass ((c), (d)), Lundqvist et al. ((e), (f)); linke Spalte: mit Einzelkanten; rechte Spalte: mit Hyperkanten.

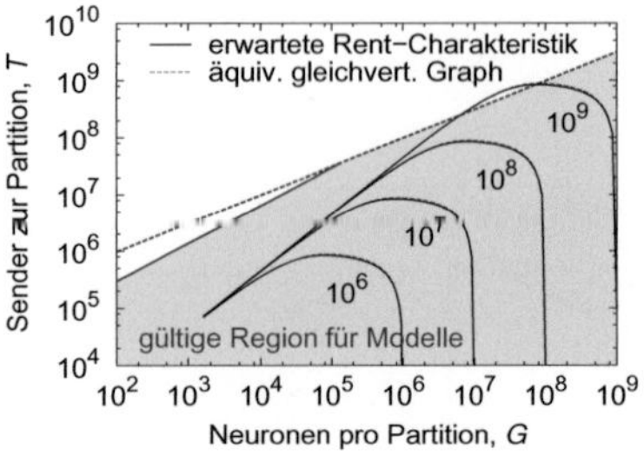

Abbildung 4.11: Erwartete Rent-Charakteristik des Netzmodells von Lundvist et al. für Hyperkanten. Zum Vergleich ist die Rent-Charakteristik des zufällig-gleichverteilten Netzes mit gleicher Verbindungsdichte dargestellt.

mit der begrenzenden Rent-Charakteristik von der Verbindungsstruktur zwischen Populationen bestimmt. Eine Partitionierung der Populationen ist im Netzmodell bereits durch die Einteilung in Mini- und Makrospalten gegeben. Darüberhinaus deckt sich die geometrische Anordnung der Spalten im Modell (vergleiche [63]) mit der für die begrenzende Rent-Charakteristik angenommenen Anordnung der Neuronen. Da die für einen Vergleich beider Rent-Charakteristiken interessanten Partitionsgrößen im Bereich mehrerer Makrospalten liegen, spielt die Vernetzung innerhalb von Makrospalten dafür keine Rolle. Deshalb werden im Folgenden nur die Verbindungen zwischen Makrospalten untersucht, deren Verbindungswahrscheinlichkeit indirekt proportional mit der Netzgröße skaliert. Die erwartete Anzahl der Verbindungen zu einer Partition aus mehreren Makrospalten ist analytisch berechenbar, analog zu Gleichung (4.4). Das Ergebnis ist in Abbildung 4.11 dargestellt. Das Verhalten des Modells ist quasi identisch mit dem eines zufällig-gleichverteilten Graphen gleicher Verbindungsdichte. Grund dafür sind identische Skalierungseigenschaften: Die Anzahl möglicher Verbindungen zwischen Makrospalten im Modell steigt quadratisch mit der Netzgröße und alle weisen gleiche Verbindungswahrscheinlichkeit auf. Beides ist äquivalent zu einem zufällig-gleichverteilten Graphen. Wie Abbildung 4.11 zeigt, wird die begrenzende Rent-Charakteristik bei $N \approx 10^9$ überschritten. Dem ließe sich jedoch durch eine lokale Verbindungsstruktur abhelfen (vergleiche Abschnitt 4.3), zum Beispiel durch eine entfernungsabhängige Verbindungswahrscheinlichkeit zwischen den schon geometrisch angeordneten Makrospalten.

Erweiterter Graph Für die Generierung der erweiterten Graphen für die populationsbasierten Modelle wurde wieder eine Netzgröße von $N = 1000$ verwendet. Durch die Populationen ist bereits in der Modellbeschreibung eine Einteilung in Gruppen vorgegeben. Für den Übergang zu kleineren Gruppen wurde iterativ die größte Gruppe in zwei gleichgroße Teile geteilt, solange bis alle Gruppen Größe 1 aufwiesen. Zum Vergleich wurde jeweils auch ein erweiterter Graph ohne Gruppeneinteilung erzeugt.

Abbildung 4.12 zeigt die extrahierten Verbindungsmatrizen, die aus den erweiterten Graphen mit den Populationen entsprechenden Gruppen extrahiert wurden. Der Vergleich mit

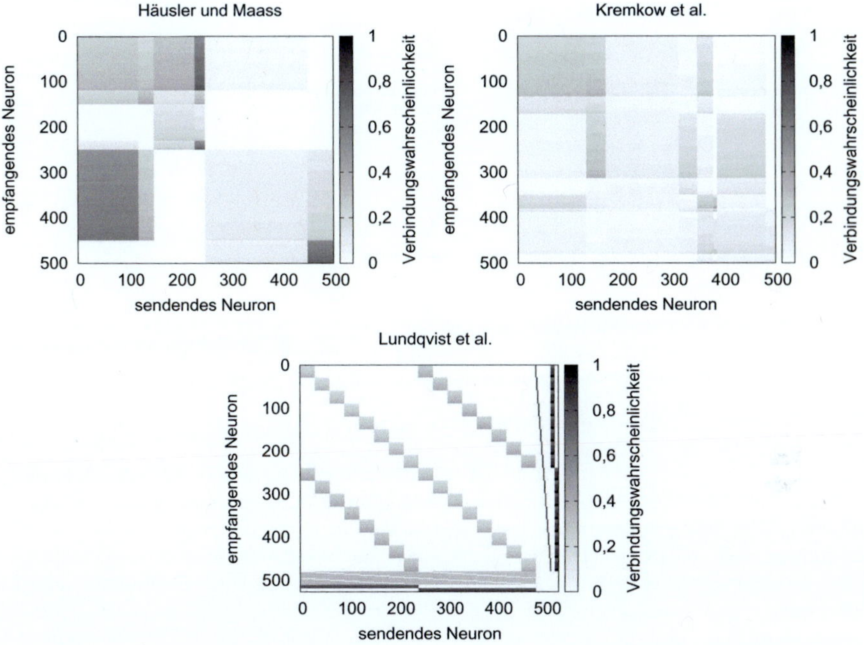

Abbildung 4.12: Extrahierte Verbindungsmatrizen für die populationsbasierten Modelle. Die zugehörigen erweiterten Graphen wurden mit der durch die Populationen gegebenen Gruppeneinteilung generiert.

den originalen Matrizen der Verbindungswahrscheinlichkeiten in Abbildung 4.8 zeigt, dass der Algorithmus zur Generierung der erweiterten Graphen die Verbindungsstruktur in guter Näherung nachbildet. Die Variationen innerhalb der Populationen spiegeln die Abtastung der Gradverteilung wider, die der Generierungsalgorithmus für die erweiterten Graphen durchführt (vergleiche Abschnitt 3.3.3).

Abbildung 4.13 stellt den Konfigurationsspeicher über der Synapsenanzahl für die untersuchten Modelle, variierend mit der Gruppenanzahl, dar. Die Modelle von Kremkow et al. und Häusler und Maass verhalten sich ähnlich wie zufällig-gleichverteilten Graphen. Ihre Anfangspunkte spiegeln im Wesentlichen die unterschiedliche mittlere Besetzungsdichte wider. Im Unterschied dazu weist das Modell von Lundqvist et al. deutlich geringere Werte für den Konfigurationsspeicher und die Entropie auf. Auch der sonst für kleine Verbindungswahrscheinlichkeiten typische initiale Anstieg fehlt. Ursache dafür ist die Struktur des Modells, bei der die Projektionen nur einen kleinen Teil der möglichen Verbindungen abdecken, die Verbindungswahrscheinlichkeit innerhalb der Projektionen aber dafür relativ hoch ist. Aus dieser Eigenschaft lässt sich auch der Unterschied zwischen dem Endpunkt der Kurve dieses Modells und denen der beiden anderen erklären. Die Synapsenanzahlen der

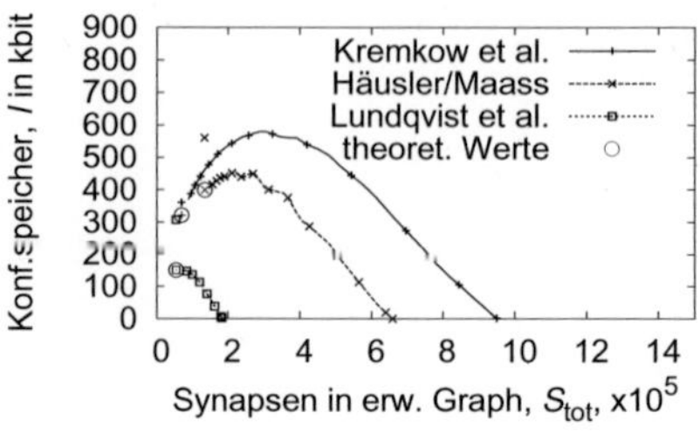

Abbildung 4.13: Parametrische Kurve der generierten erweiterten Graphen über die Gruppenanzahl für die untersuchten populationsbasierten Modelle. Die separaten, nicht eingekreisten Punkte stellen den jeweiligen ungruppierten Fall dar.

Endpunkte decken sich mit der Anzahl der möglichen Verbindungen, da für jede Verbindung zwischen zwei Neuronen, die prinzipiell auftreten kann, eine Synapse im entsprechenden erweiterten Graphen generiert wird. Da die Modelle von Kremkow et al. und Häusler und Maass sehr viele mögliche Verbindungen zulassen, deren Verbindungswahrscheinlichkeiten dagegen vergleichsweise gering sind, fällt die Synapsenanzahl ihrer Endpunkte deutlich höher aus.

Abbildung 4.14 zeigt die Skalierung der erweiterten Graphen, die für die populationsbasierten Netzmodelle generiert wurden, mit der Netzgröße. Bezüglich der Synapsenanzahl verhalten sich die Modelle von Kremkow et al. und Häusler und Maass sehr ähnlich zum zufällig-gleichverteilten Netzmodell (siehe Abbildung 4.6). Demzufolge skaliert ihre Synapsenanzahl ungefähr quadratisch. Im Vergleich zu den anderen untersuchten Modellen liegen die Ergebnisse für unterschiedliche Gruppierungen im Modell von Lundqvist et al. deutlich näher beieinander, was sich mit den parametrischen Kurven in Abbildung 4.13 deckt. Bei allen drei Netzmodellen ergibt sich ein generell quadratischer Anstieg des Konfigurationsspeichers mit relativ wenig Unterschieden zwischen den Gruppierungen. Mit Ausnahme der Synapsenanzahl im Modell von Lundqvist et al. verhalten sich die untersuchten populationsbasierten Modelle damit annähernd wie zufällig-gleichverteilte Netze.

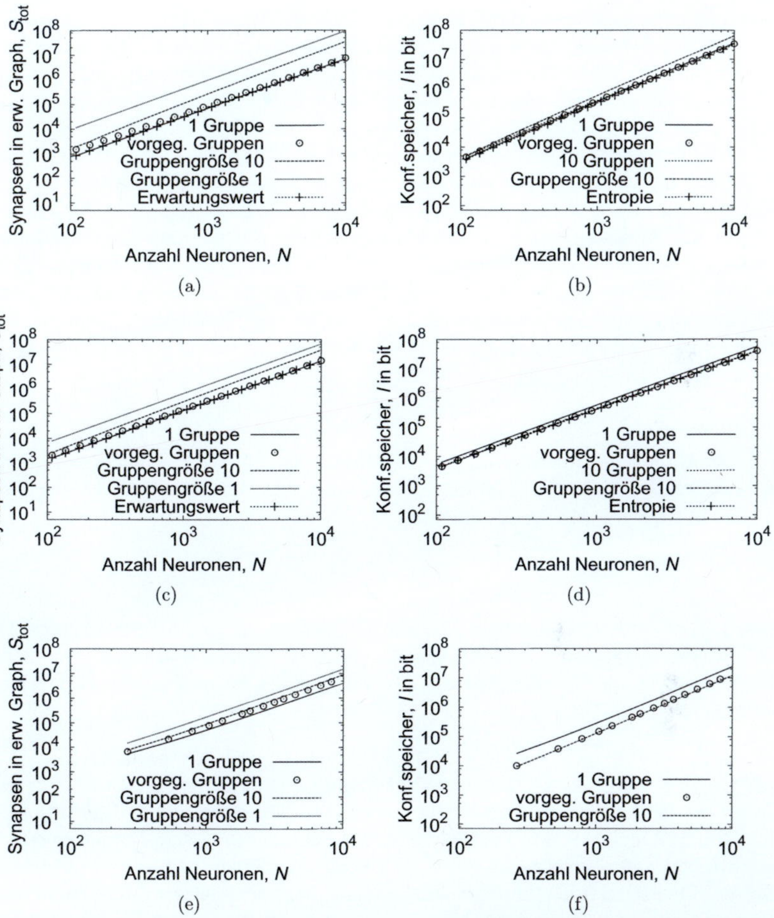

Abbildung 4.14: Skalierung der erweiterten Graphen für die untersuchten populationsbasierten Netzmodelle. (a), (b) Kremkow et al., (c), (d) Häusler und Maass, (e), (f) Lundqvist et al. Zur besseren Vergleichbarkeit wurden die Verbindungswahrscheinlichkeiten im Modell von Lundqvist et al. nicht mit der Netzgröße skaliert, sondern auf den Werten in [63] belassen.

4.3 Lokale Verbindungsmodelle

Zufällig-gleichverteilte und populationsbasierte Modelle beruhen auf der Annahme, dass Verbindungen innerhalb bestimmter Gruppen gleichmäßig, das heißt positionsunabhängig, verteilt sind (ausgedrückt durch Peters Gesetz, vergleiche Abschnitt 4.2). Messungen zeigen jedoch, dass Verbindungen zwischen Neuronen eines Typs mit zunehmendem Abstand ihrer Zellkerne zueinander unwahrscheinlicher werden [41]. Modelle, die diese Eigenschaft nachbilden, werden nachfolgend als *lokale Verbindungsmodelle* bezeichnet. Ein typisches Modell dieser Art wurde in [135] entwickelt und soll im Folgenden stellvertretend charakterisiert werden. Im Modell werden Neuronen in einem begrenzten zweidimensionalen Raum platziert, so dass sich eine effektive Neuronendichte von $\rho_N \cdot h_c$ ergibt, wobei ρ_N die Neuronendichte und h_c die Höhe der grauen Materie angibt. Für die nachfolgend untersuchten Netzrealisierungen wurde dabei vereinfachend auf eine Anordnung auf einem quadratischen Gitter zurückgegriffen. Die Wahrscheinlichkeit einer Verbindung zwischen zwei Neuronen ist abhängig von deren kartesischem Abstand zueinander. In Übereinstimmung mit den Messungen in [41] wird sie als Gauss-Funktion des Abstands d berechnet:

$$p(d) = \mathrm{e}^{-d^2/(2\sigma_p^2)} , \tag{4.14}$$

wobei σ_p die räumliche Ausdehnung der Gausskurve angibt. Sie ist, relativ zur Neuronendichte, bestimmend für die Struktur des Netzes. Diese Relation lässt sich über die erwartete Anzahl der Synapsen pro Neuron herstellen:

$$S = 2\pi\sigma_p^2 \cdot \rho_N h_c \tag{4.15}$$

In dieser Formel wurden Randeffekte bei der Neuronenanordnung vernachlässigt. Die folgenden Untersuchungen sind in Abhängigkeit von S angegeben und setzen damit indirekt die Ausdehnung σ_p der Gausskurve für die Verbindungswahrscheinlichkeiten relativ zur Neuronendichte $\rho_N h_c$.

Grundlegende Kenngrößen Die lokale Verbindungsstruktur des Netzmodells in zwei Dimensionen ist in der Verbindungsmatrix an einem charakteristischen Streifenmuster erkennbar, wie es Abbildung 4.15a verdeutlicht. Wie in Gleichung 4.15 gezeigt wurde, ist die erwartete Anzahl an Synapsen in erster Näherung unabhängig von der Netzgröße, da sie nur von der Neuronendichte und der Ausdehnung der verwendeten Gausskurve abhängt. Allerdings müssen insbesondere bei kleinen Netzen Randeffekte berücksichtigt werden, die die Gradverteilungen beeinflussen, wie Abbildung 4.15b zeigt: Für Neuronen, die nur wenige σ_p vom Rand des Platzierungsbereiches der Neuronen entfernt sind, sinkt die Anzahl an Verbindungen durch den beschnittenen Einzugsbereich deutlich ab. Diese Abnahme ist symmetrisch bezüglich Eingängen und Ausgängen, das heißt der erwartete Eingangs- und Ausgangsgrad eines Neurons ist immer gleich. In Abbildung 4.15b ist dies an der Ausstülpung entlang der Einheitsgeraden erkennbar. Für den angenommenen quadratischen Platzierungsbereich sinkt der Anteil der von Randeffekten betroffenen Neuronen als $\sim N^{-1/2}$ mit der Netzgröße.

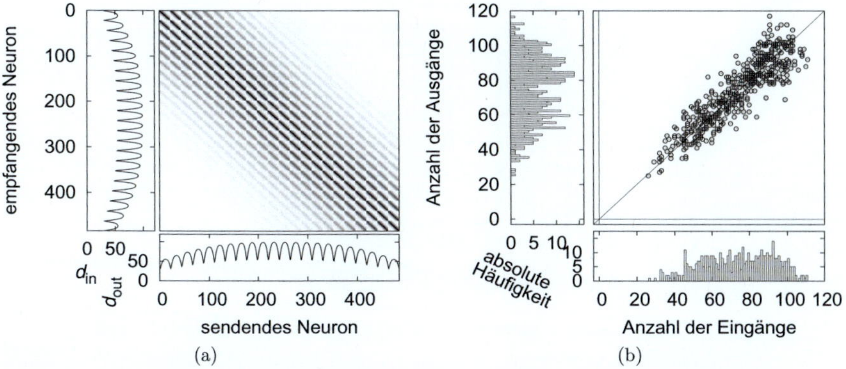

Abbildung 4.15: Matrix der Verbindungswahrscheinlichkeiten und Gradverteilungen für das lokale Verbindungsmodell mit Gauss-Funktion; (a) Verbindungsmatrix und Erwartungswerte der Eingangs- und Ausgangsgrade; (b) Streudiagramm und Histogramme der Eingangs- und Ausgangsgrade für eine Realisierung des Netzmodells. Netzparameter: $N = 484$ =22x22, $S = 100$

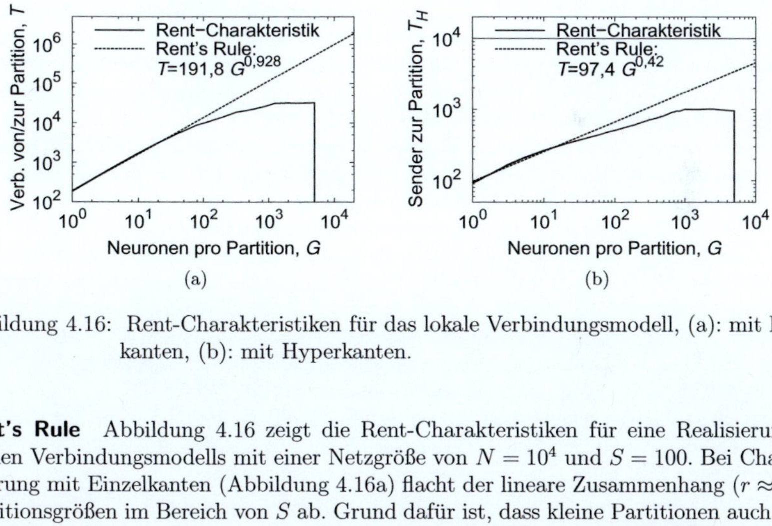

Abbildung 4.16: Rent-Charakteristiken für das lokale Verbindungsmodell, (a): mit Einzelkanten, (b): mit Hyperkanten.

Rent's Rule Abbildung 4.16 zeigt die Rent-Charakteristiken für eine Realisierung des lokalen Verbindungsmodells mit einer Netzgröße von $N = 10^4$ und $S = 100$. Bei Charakterisierung mit Einzelkanten (Abbildung 4.16a) flacht der lineare Zusammenhang ($r \approx 1$) bei Partitionsgrößen im Bereich von S ab. Grund dafür ist, dass kleine Partitionen auch räumlich sehr begrenzt ausgedehnt sind und die hohe Verbindungswahrscheinlichkeit in diesem Bereich zu einer annähernden Vollvernetzung führt. Die Entfernungsabhängigkeit in der Verbindungswahrscheinlichkeit wirkt erst bei größeren Partitionen, wodurch der Übergang zu einem deutlich geringeren Anstieg entsteht. Bei der Charakterisierung mit Hyperkanten

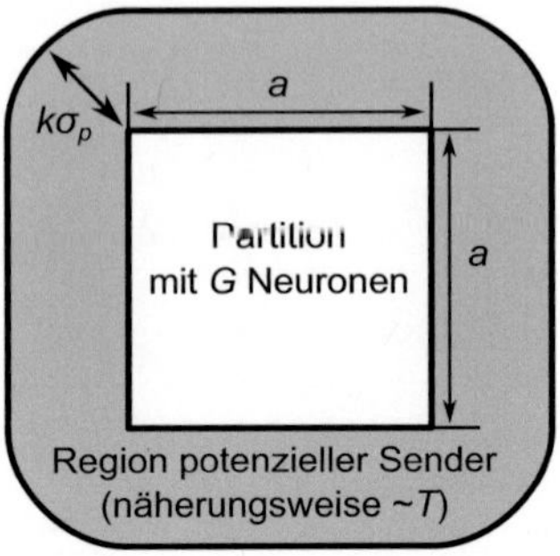

Abbildung 4.17: Umgebende Fläche mit potenziellen Sendern zu einer Partition für das lokale Netzmodell.

ist kein so deutliches Abflachen wie bei Einzelkanten sichtbar. Ursache dafür ist, dass Vollvernetzung hier einer Kurve mit Rent-Exponent 0 entspricht und damit den Anstieg der Rent-Charakteristik nicht dominiert.

Beide Rent-Charakteristiken für das lokale Verbindungsmodell weisen, außer bei kleinen Partitionen, einen wesentlich geringeren Anstieg auf als jene für populationsbasierte und zufällig-gleichverteilte Netze. Dadurch ist auch Kompatibilität mit der begrenzenden Rent-Charakteristik aus Abschnitt 3.2.3 unabhängig von der Netzgröße zu erwarten. Als Nachweis dafür lässt sich eine näherungsweise Rent-Charakteristik aus der geometrischen Anordnung der Neuronen im untersuchten lokalen Verbindungsmodell herleiten. Günstige Partitionierungen für dieses Modell fassen nah beieinander liegende Neuronen zusammen. Ähnlich der Argumentation in Abschnitt 3.2.3 sollte der Bereich, in dem Neuronen einer Partition liegen, einen minimalen Umfang aufweisen, um die Anzahl an Hyperkanten von außen zu minimieren. Deshalb wird im Folgenden für die Partitionierung der Platzierungsbereich der Neuronen im Modell in quadratische Partitionen mit der Seitenlänge a eingeteilt. Die Partitionsgröße ergibt sich dann aus der Seitenlänge als $G = \rho_N \cdot a^2$. Unter Vernachlässigung von Randeffekten sind damit alle Partitionen identisch, wodurch die Berechnung nur für ein Quadrat durchgeführt werden muss. Da die Verbindungswahrscheinlichkeit im Modell mit der Entfernung der Neuronen stark abnimmt, kann als Näherung angenommen werden, dass Verbindungen nur von Neuronen aus einem $k \cdot \sigma_p$-Intervall um die Partition herum existieren, mit einem geeigneten Wert für k, zum Beispiel $k = 4$. Je größer k gewählt wird, desto besser ist diese Annahme erfüllt. Die Anzahl der Neuronen im $k \cdot \sigma_p$-Bereich ist dann eine Überabschätzung für die Anzahl der Verbindungen zur Partition. Diese Abschätzung stellt den Fall dar, dass alle Neuronen aus diesem Bereich mindestens eine Verbindung (das heißt eine Hyperkante) zur Partition bilden.

Der umgebende Bereich ist in Abbildung 4.17 dargestellt. Seine Fläche A und die daraus genäherte Anzahl an Verbindungen T_H berechnet sich als:

$$A = 4 \cdot a \cdot k\sigma_p + \pi(k\sigma_p)^2 \;\rightarrow\; T_H = \rho \cdot A\,. \tag{4.16}$$

Einsetzen der Partitionsgröße G und Normieren auf die Anzahl der Synapsen pro Neuron (vergleiche (4.15)) ergibt daraus:

$$T_H = k(2S)^{1/2} \cdot G^{1/2} + \frac{1}{2}k^2 \cdot S\,. \tag{4.17}$$

Wie für eine zweidimensionale Anordnung zu erwarten ist, ergibt sich ein Rent-Exponent von $r = 1/2$. Zusätzlich existiert ein konstanter Term, der jedoch nur bei kleinen Partitionsgrößen dominant ist. Die genäherte Rent-Charakteristik hängt nur von der Anzahl der Synapsen pro Neuron, S, ab, sie gilt damit unabhängig von der Netzgröße.

Allerdings ist für einen hinreichend großen Wert für k ($k \geq 4$) eine deutliche Überabschätzung der Anzahl an Hyperkanten bei kleinen Partitionen zu verzeichnen. Zum Beispiel ergibt sich für Partitionsgröße 1 statt der erwarteten $T_H(G = 1) = S$ ein Näherungswert von $T_H(G = 1) = k(2S)^{1/2} + \frac{1}{2}k^2 S$, was für $k = 4$ zu einer Abweichung um ungefähr einen Faktor 8 führt. Grund dafür ist, dass bei kleinen Partitionen nur wenige mögliche Verbindungen von einem bestimmten Senderneuron aus der Umgebung zu einem Neuron der Partition existieren. Dadurch ist die Wahrscheinlichkeit für mindestens eine Verbindung (und damit einem Axon/einer Hyperkante) von diesem Sender gering, wenn die Verbindungswahrscheinlichkeit ein einzelnen Verbindung, $p(d)$, klein ist. Mit der Partitionsgröße steigt dagegen die Wahrscheinlichkeit einer Hyperkante durch die wachsende Anzahl an möglichen Verbindungen.

Dieser Sachverhalt kann mit einer Anpassung von k an die Partitionsgröße nachgebildet und so die Näherung bei kleinen Partitionen verbessert werden. Dazu werden als Näherung alle Hyperkanten mit einer Verbindungswahrscheinlichkeit kleiner als p_{lim} vernachlässigt. Im Grenzfall gilt dann für die Verbindungswahrscheinlichkeit:

$$p_{\text{lim}} = 1 - (1 - p(k \cdot \sigma_p))^G = 1 - \left(1 - \mathrm{e}^{-k^2/2}\right)^G\,. \tag{4.18}$$

Daraus folgt für k:

$$k(G) = \sqrt{-2\ln\left(1 - (1 - p_{\text{lim}})^{1/G}\right)}\,. \tag{4.19}$$

Für $p_{\text{lim}} = 0,1$ ergibt sich daraus ein Wert von $k(G = 1) = 2,1$. Anzumerken ist, dass ein zu kleiner Wert für p_{lim} wiederum zu einer deutlichen Überabschätzung führen würde, da angenommen wird, dass für alle Sender mit Wahrscheinlichkeit für eine Hyperkante $p > p_{\text{lim}} = 0,1$ tatsächlich eine solche existiert.

Abbildung 4.18 zeigt die hergeleiteten Näherungen für die Rent-Charakteristik. Für den Fall $k = 4$ ist die erwartete deutliche Überabschätzung bei kleinen Partitionen gegenüber einer Realisierung des Netzmodells erkennbar. Bei Anpassen von k anhand Gleichung (4.19) ergibt sich dagegen eine bessere Übereinstimmung mit der Rent-Charakteristik der Realisierung. Generell wird durch den geringen Anstieg ($r \leq 1/2$) die begrenzende Rent-Charakteristik am ehesten bei kleinen Partitionen erreicht, der Grenzfall liegt bei $S = 6000$, wie Abbildung 4.18 zeigt. Diese Limitierung ist jedoch nicht absolut, da die begrenzende Rent-Charakteristik für kleine Partitionen unter Umständen den Bereich zulässiger Modelle zu weit einschränkt (siehe Diskussion in Abschnitt 3.2.3). Die Begrenzung auf $S \leq 6000$ ist aber unabhängig davon kompatibel mit realistischen Synapsenzahlen [39].

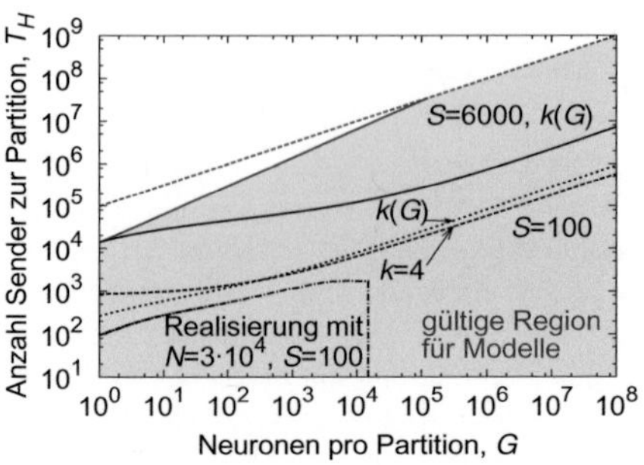

Abbildung 4.18: Genäherte Rent-Charakteristiken des untersuchten lokalen Verbindungsmodells und begrenzende Rent-Charakteristik. Zum Vergleich ist unten links die Rent-Charakteristik einer Beispielrealisierung dargestellt.

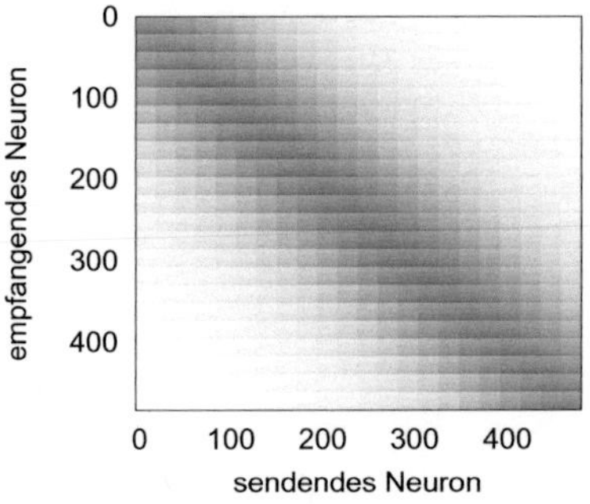

Abbildung 4.19: Extrahierte Verbindungsmatrix für $N = 22 \times 22 = 484$ Neuronen und $S = 100$, wobei jede Gruppe eine Zeile im Neuronengitter umfasst.

Erweiterter Graph Bei lokalen Verbindungsmodellen ist die Gruppeneinteilung der Neuronen besonders wichtig für die Eigenschaften des damit generierten erweiterten Graphen. Dabei geht es besonders darum, die Lokalität der Verbindungsstruktur bei der Gruppeneinteilung zu erhalten. Da in dem generierten erweiterten Graphen alle Verbindungen einer Gruppe gleichbehandelt werden, können Unterschiede in der Verbindungsstruktur nur zwischen Gruppen realisiert werden. Es ist dabei nicht möglich, die Lokalität der Verbindungen in beiden Dimensionen gleichzeitig auszunutzen. Deshalb wird die Aufteilung in Gruppen zunächst entlang der Zeilen, dann entlang der Spalten der Neuronenmatrix vorgenommen.

Abbildung 4.19 zeigt die extrahierte Verbindungsmatrix für den Fall, dass jede Gruppe genau eine Zeile des Neuronengitters umfasst. Die feine Streifenstruktur in der originalen Verbindungsmatrix (siehe Abbildung 4.15a) wurde geglättet, da mit der Gruppierung keine Differenzierung entlang der Zeilen im Neuronengitter erfolgt. Die Grobstruktur ist dagegen

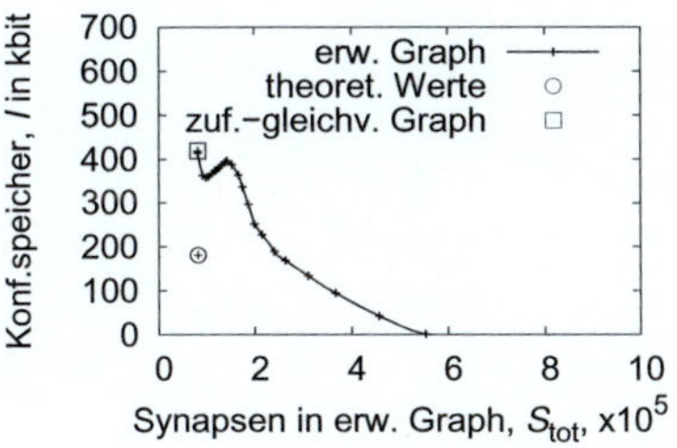

Abbildung 4.20: Parametrische Kurve über die Gruppenanzahl für lokales Verbindungsmodell mit $N = 32 \times 32 = 1024$ und $S = 100$.

gut wiedergegeben, was aus der Ausnutzung der Verbindungsstruktur entlang der Spalten im Neuronengitter herrührt.

In Abbildung 4.20 ist die parametrische Kurve des Konfigurationsspeichers über der Synapsenanzahl dargestellt. Ohne Gruppierung (Ende der Kurve links oben) wird die lokale Verbindungsstruktur nicht ausgenutzt, das heißt Schwankungen in den Verbindungswahrscheinlichkeiten werden geglättet. Dadurch ergibt sich ein deutlich größerer Konfigurationsspeicher als von der Entropie der Verbindungswahrscheinlichkeiten im Originalmodell vorgegeben (siehe Kreis in Abbildung 4.20), der fast identisch mit der Entropie eines zufällig-gleichverteilten Graphen gleicher mittlerer Verbindungsdichte (Quadrat in Abbildung 4.20) ist. Nach einem initialen Abfall ergibt sich mit der Einteilung in Gruppen zunächst ein kontinuierlicher positiver Anstieg. Dieser entsteht dadurch, dass die Gruppen relativ groß sind und die P-Elemente für die Auswahl der Eingänge aus einer Gruppe alle Verbindungen gleich behandeln. Deren Konfigurationsspeicher entspricht dem Fall gleicher mittlerer Verbindungswahrscheinlichkeit für alle Eingänge. Da dieser Mittelwert relativ klein ist, entsteht daraus ein Verhalten wie bei zufällig-gleichverteilten Graphen mit geringer Verbindungswahrscheinlichkeit (vergleiche Abbildung 4.5d). Im Gegensatz dazu ist aber ein deutlich steilerer Abfall und ein Endpunkt bei einer wesentlich geringeren Synapsenanzahl erkennbar. Hier zeigt sich der Einfluss der lokalen Verbindungsstruktur, die bei kleineren Gruppen besser vom erweiterten Graphen ausgenutzt wird. Der Endpunkt der Kurve gibt die Anzahl der überhaupt möglichen Verbindungen zwischen zwei Neuronen an. Prinzipiell beträgt diese Anzahl N^2, da die Verbindungswahrscheinlichkeit nie genau Null wird. In Realisierungen des Modells sind jedoch Verbindungen unterhalb einer bestimmten Verbindungswahrscheinlichkeit praktisch vernachlässigbar. Bei der Generierung des erweiterten Graphen wurden alle Verbindungen mit $p < 10^{-4}$ nicht berücksichtigt. Bereits mit dieser Festlegung ergibt sich die in Abbildung 4.20 wiedergegebene deutliche Einsparung an Synapsen.

Abbildung 4.21 zeigt die Skalierung der Synapsenanzahl und des Konfigurationsspeichers mit der Netzgröße. Deutlich erkennbar ist ein Abflachen der Kurven von einem quadratischen hin zu einem linearen Anstieg. Ursache dafür ist, dass bei kleinen Netzen die Ausdehnung der Gaußkurve der Verbindungswahrscheinlichkeiten noch in der Größenordnung der

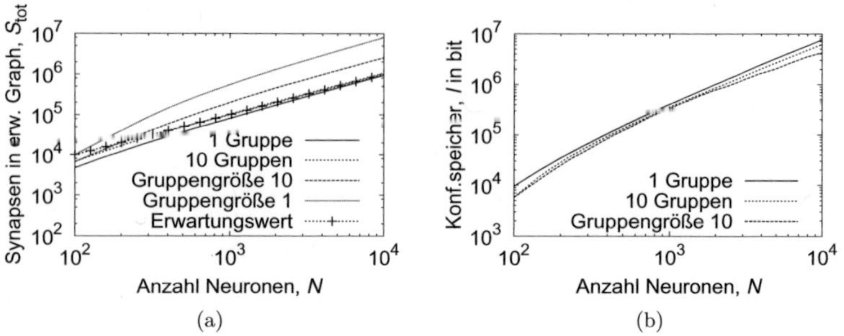

Abbildung 4.21: Skalierung der erweiterten Graphen für das lokale Verbindungsmodell mit $S = 100$. In (a) wurde als Erwartungswert $S \cdot N$ eingezeichnet.

Ausdehnung des gesamten Neuronengitters liegt und somit die Lokalität der Verbindungsstruktur noch nicht voll ausgeprägt ist. Damit erfolgt ein Übergang von einer näherungsweise zufällig-gleichverteilten Netzstruktur zu einer tatsächlich lokalen Verbindungsstruktur. Der lineare Anstieg bei großen Netzen lässt sich zunächst durch die vorgegebene, konstante mittlere Anzahl an Synapsen pro Neuron erklären. Im Unterschied zum zugehörigen zufällig-gleichverteilten Netzmodell (vergleiche Abbildung 4.6c) ergibt sich dieses Verhalten aber auch bei kleinen Gruppen, das heißt bei starker Partitionierung. Hier zeigt sich, dass durch die lokale Verbindungsstruktur nicht nur die erwartete Synapsenanzahl, sondern auch die Anzahl der möglichen Verbindungen pro Neuron näherungsweise konstant bleibt. Das gleiche Verhalten zeigt auch der Konfigurationsspeicher, siehe Abbildung 4.21b.

4.4 Weitere Modellklassen

In den vorangegangenen Abschnitten wurden einige wichtige Grundtypen von Netzmodellen für pulsende neuronale Netze hinsichtlich ihrer Verbindungsstruktur charakterisiert. Die dabei erhaltenen Ergebnisse lassen sich auch auf eine Vielzahl an verwandten Netzmodellen oder Mischtypen anwenden. Als Anhaltspunkt für eine solche Übertragung sollen im Folgenden die Verbindungsstrukturen zweier weiterer Netzmodelle, verallgemeinerte zufällige Graphen und kleine-Welt-Netze, diskutiert werden.

Verallgemeinerte zufällige Graphen stellen eine Erweiterung zufällig-gleichverteilter Netze dar, die es erlauben, beliebige Gradverteilungen nachzubilden. Im Gegensatz zu den binomialverteilten Graden zufällig-gleichverteilter Netze lassen sich so Gradverteilungen nach Potenzgesetzen realisieren, wie sie in vielen realen Netzen auftreten [82]. Die Generierung erfolgt entweder, indem jedem Knoten j d_j Halbkanten zugeordnet und diese dann zufällig zu Paaren, das heißt vollständigen Verbindungen, gruppiert werden. Alternativ können Verbindungswahrscheinlichkeiten abhängig von den Knotengraden d_j gewählt werden [138, 139]:

$$p_{ij} = \frac{d_i \cdot d_j}{\sum_{(k)} d_k} . \tag{4.20}$$

Zwar variieren damit im Unterschied zu zufällig-gleichverteilten Netzen die Verbindungswahrscheinlichkeiten, sie sind aber ausschließlich abhängig von den Knotengraden und ansonsten immer noch gleichverteilt. Deshalb ist bis auf die Gradverteilung gleiches Verhalten bezüglich Rent's Rule und den Kenngrößen des erweiterten Graphen zu erwarten.

Wie in Abschnitt 3.1 kurz eingeführt, lassen sich kleine-Welt-Netze aus einer Überlagerung von lokaler und zufällig-gleichverteilter Verbindungsstruktur erzeugen [106]. Dazu wird in einem lokalen Verbindungsmodell ein kleiner Teil der Verbindungen zufällig aufgetrennt und gleichverteilt neu verbunden. Als wesentliche Eigenschaften entstehen daraus sowohl ein hoher Clusterkoeffizient (durch die vorherrschende Lokalität), als auch kurze Pfadlängen zwischen beliebigen Knoten (durch die zufällig verteilten Verbindungen). Beide Eigenschaften zusammen treten auch in vielen realen Netzwerken auf [82, 72].

Die Rent-Charakteristik kleiner-Welt-Netze wird bei kleinen Partitionen durch die lokalen Verbindungen bestimmt, da diese vorherrschend in der Anzahl sind. Daraus entsteht zunächst eine Kurve mit Anstieg $r = 1/2$, wenn ein zweidimensionales Gitter wie in Abschnitt 4.3 verwendet wird. Da jedoch die zufällig-gleichverteilten Verbindungen mit $r = 1$ anwachsen, sind diese ab einer bestimmten Partitionsgröße immer dominant. Diese Verbindungen machen nur einen Bruchteil der Gesamtanzahl an Verbindungen aus, weshalb zu erwarten ist, dass die Skalierung der Synapsenanzahl und des Konfigurationsspeichers wie das lokale Verbindungsmodell in Abschnitt 4.3 verläuft, das heißt einen ungefähr linearen Anstieg aufweist. Im Unterschied dazu können jedoch alle Verbindungen zwischen zwei Neuronen prinzipiell auftreten, auch wenn die Gesamtanzahl dieser Verbindungen nur linear anwächst. Das entspricht einem zufällig-gleichverteilten Netzmodell mit abnehmender Verbindungswahrscheinlichkeit. Deshalb ist bei starker Gruppierung ein Übergang hin zu einer quadratischen Skalierung zu erwarten, wie es Abbildungen 4.6c und (d) zeigen.

4.5 Vergleich der untersuchten Netzmodelle

Wesentliche Eigenschaften der untersuchten Netzmodelle sind die Gesamtanzahl an Synapsen S_{tot} und der benötigte Konfigurationsspeicher I, wie sie in den generierten erweiterten Graphen auftreten. Dabei sind sowohl die Absolutwerte als auch ihre Skalierung von Interesse. Um beide für einen Vergleich aufzubereiten, bietet sich das Extrahieren von Skalierungsvorschriften analog zu Rent's Rule an:

$$S_{\text{tot}}(N) = \overline{S}_{\text{tot}} \cdot N^{r_S} \ , \quad I(N) = \overline{I} \cdot N^{r_I} \ . \tag{4.21}$$

Damit lässt sich das Verhalten mit zwei Skalaren zusammenfassen, die für alle Netze in einem vergleichenden Klassifikationsdiagramm dargestellt werden können. Diese Skalierungsparameter wurden aus den Werten für S_{tot} und I der erweiterten Graphen bei den beiden Netzgrößen $N = 500$ und $N = 1500$ berechnet. Die Gruppierung wurde dabei analog zu der für die extrahierten Verbindungsmatrizen verwendeten gewählt.

Abbildung 4.22 zeigt die Klassifikationsdiagramme für die Synapsenanzahl und den Konfigurationsspeicher für die in diesem Kapitel untersuchten Netzmodelle. Der Vergleich der Synapsenanzahl wurde dabei um drei deterministische Netzmodelle ergänzt: nächster-Nachbar-Kopplung, Vollvernetzung und eine Implementierung des HMAX-Modells [69].

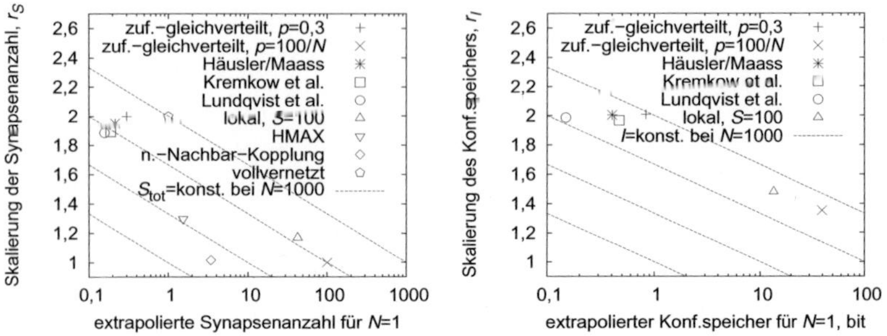

(a) (b)

Abbildung 4.22: Klassifizierungsdiagramme für die untersuchten Netzmodelle; (a) anhand der Synapsenanzahl, (b) anhand des Konfigurationsspeichers. Die gestrichelten Linien stellen Kurven gleicher Absolutwerte bei $N = 1000$ dar.

In Abbildung 4.22a ist eine Gruppe mit hohem Exponenten r_S erkennbar, der das zufällig-gleichverteilte Netzmodell mit konstanter Verbindungswahrscheinlichkeit und die populationsbasierten Netze angehören. Der Unterschied zur Vollvernetzung besteht dabei im Wesentlichen in der Anzahl der Synapsen pro Neuron. Demgegenüber verringert sich im zufällig-gleichverteilten Netzmodell bei Skalieren der Verbindungswahrscheinlichkeit mit der Netzgröße der Exponent r_S auf ungefähr eins. Die extrapolierte Synapsenanzahl bei $N = 1$ liegt dadurch deutlich höher, erreicht aber bei $N = 1000$ ungefähr die gleiche Synapsenanzahl wie bei konstanter Verbindungswahrscheinlichkeit (siehe gestrichelte Linien).

Das lokale Netzmodell hat einen Exponenten, der leicht über eins liegt. Das wird vor allem dadurch verursacht, dass die lokale Verbindungsstruktur bei den zur Parameterextraktion verwendeten Netzgrößen noch nicht voll ausgeprägt ist, vergleiche Abbildung 4.21. Hin zu größeren Netzen ist dagegen eine ungefähr lineare Skalierung zu erwarten. Die nächste-Nachbar-Kopplung zeigt dagegen einen fast linearen Anstieg, da hier die Randeffekte durch räumlich sehr begrenzte Kopplung nicht so stark ausgeprägt sind wie im obigen lokalen Netzmodell. Das HMAX-Modell, ebenfalls aus lokal begrenzten Filtern bestehend, zeigt demgegenüber durch Randeffekte ebenfalls einen leicht erhöhten Exponenten.

Für den Konfigurationsspeicher zeigen die untersuchten Netzmodelle ein ähnliches Verhalten wie bei der Synapsenanzahl, siehe Abbildung 4.22b. Wesentlicher Unterschied sind die erhöhten Exponenten im zufällig-gleichverteilten Netzmodell mit skalierter Verbindungswahrscheinlichkeit und im lokalen Verbindungsmodell. Grund dafür ist die Erweiterung des Adressraums, aus der eine einzelne Synapse auswählen kann, mit der Netzgröße. Letztendlich spiegelt der Exponent die Skalierung mit $N \cdot \log(N)$ wider.

Bei der Interpretation der Ergebnisse ist zu beachten, dass die Generierung der erweiterten Graphen ungruppiert oder mit den durch die Modelle vorgegebenen Gruppen erfolgte. Dadurch sind Effekte bei stärkerer Gruppierung nicht abgebildet. Insbesondere ist damit der deutliche Unterschied zwischen dem zufällig-gleichverteilten Netzmodell mit skalierter Verbindungswahrscheinlichkeit und dem lokalen Verbindungsmodell nicht erkennbar.

5 Untersuchung neuromorpher Systeme

Die in den letzten Jahren entwickelten neuromorphen Systeme unterscheiden sich teilweise sehr stark hinsichtlich der implementierten Modelle und des verfolgten Implementierungsansatzes (siehe dazu auch Abschnitt 2.4). Dieses Kapitel untersucht eine Auswahl der am häufigsten verwendeten Systemarchitekturen hinsichtlich ihrer Verbindungsstruktur. Es konzentriert sich dabei auf Ansätze, die individuelle Schaltungen für Neuronen und Synapsen implementieren. Die verfolgten Ansätze lassen sich in folgende Gruppen einteilen:

Variable Matrix Alle Synapsenschaltungen sind in einer Matrix angeordnet, wobei jede Zeile einem Neuron zugeordnet ist. Jede Synapse kann individuell mit Pulsen angesteuert werden [30].

Fixe Matrix Wie bei der variablen Matrix sind die Synapsenschaltungen matrixförmig angeordnet und jede Zeile ist mit einem Neuron verbunden. Alle Synapsen einer Spalte werden jedoch von derselben Eingangspulsfolge angesteuert [140].

Nächster Nachbar Die Neuronen sind in einer Matrix angeordnet. Zwischen benachbarten Neuronen sind fest verdrahtete Synapsen positioniert. Zusätzlich verfügt jedes Neuron über eine oder mehrere von außen ansteuerbarer Synapsen. Diese Architektur wird speziell für Anwendungen in der Bildverarbeitung verwendet [141, 94].

Inselarchitektur Neuronen-/Synapsenmatrizen oder -baublöcke sind in ein Routingnetzwerk eingebettet [142, 32]. Dieser Ansatz ähnelt der Inselarchitektur in FPGAs [143].

Multisynapse Jedem Neuron ist nur eine Synapse zugeordnet, deren Gewicht und Verhalten mit jedem Puls neu konfiguriert werden kann [103].

Neuro-MPSoC Neuronen- und Synapsenmodelle werden mit einem spezialisierten Prozessor berechnet. Werden mehrere dieser Prozessoren auf einem Chip integriert und über ein Network-on-Chip verbunden, entsteht ein Multi-Processor System on Chip (MPSoC) [33].

Im Gegensatz zu den anderen Architekturen implementieren die letzten beiden Ansätze keine einzelnen Synapsen. Dadurch ist die Anzahl der eingehenden Verbindungen und die Konnektivität der Neuronen auf einem Chip nicht hart begrenzt. Die Anzahl der Synapsen, die durch eine Multisynapse nachgebildet werden können, ist durch die Bandbreite des eingehenden Übertragungskanals begrenzt und damit abhängig von der Pulsrate der einzelnen Verbindungen. Ähnliche Bandbreitenbeschränkungen gelten auch für eine MPSoC-Implementierung. Zusätzlich ist hier die Anzahl der auf einem Chip simulierbaren Neuronen und Synapsen vom Berechnungsaufwand der verwendeten Modelle abhängig. Durch

Verringerung der Anzahl der Neuronen pro Chip lassen sich daraus eventuell entstehende Beschränkungen für die Konnektivität aber umgehen.

Durch diese Eigenschaften entstehen Beschränkungen für die Konnektivität in diesen Systemen erst auf Systemebene und lassen sich nur schwer getrennt vom Pulsverhalten untersuchen. Deshalb werden sie zunächst nicht näher betrachtet. Auswirkungen der Untersuchung der anderen Architekturen auf diese Systeme werden in Abschnitt 5.5 diskutiert.

Die im Folgenden untersuchten Chip-Architekturen sind im Wesentlichen durch einen einfachen Hardwareentwurf oder technologische Optimierungen motiviert. Nur vereinzelt fand dabei ein expliziter Abgleich mit bestehenden Netztopologien statt [36]. Alternativ dazu wurden einige der bestehenden Implementierungen explizit für eine bestimmte Verbindungsstruktur entworfen [94] oder Bausteine für bestimmte Verbindungsmuster integriert, zum Beispiel für Winner-Take-All(WTA)-Strukturen [144]. Jeder der folgenden Abschnitte untersucht eine der oben eingeführten Architekturen anhand eines Beispielsystems mit den in Kapitel 3 eingeführten Methoden, Rent's Rule und erweiterter Graph.

5.1 Variabel ansteuerbare Synapsenmatrix

Eine regelmäßige Anordnung der Synapsenschaltungen in einer Matrix wird häufig verwendet, da sie die Platzierung und Verdrahtung vereinfacht. Kann dabei jede Synapse individuell angesteuert werden, ergibt sich eine flexibel konfigurierbare Synapsenmatrix. Dies wird im Allgemeinen über ein Spalten- und Zeilenauswahlsignal erreicht, deren Kombination eine eindeutige Adressierung erlaubt. Zu beachten ist bei einer solchen Realisierung, dass alle Pulse im Allgemeinen sequentiell in die Synapsenmatrix eingespeist werden, woraus sich hohe Bandbreitenanforderungen ergeben können. Ein Parallelisierung ist prinzipiell spalten- oder zeilenweise möglich, erfordert aber eine aufwändige Zugriffskontrolle.

Eine Implementierung dieser Architektur ist der sogenannte FLANN-Chip [30], der 128 Neuronen mit jeweils 128 Synapsen realisiert. Sein Aufbau ist in Abbildung 5.1 dargestellt. Die Konfiguration der Verbindungen erfolgt komplett außerhalb des Chips. Alle eingehenden Pulse enthalten die vollständige Synapsenadresse und werden über eine Address-Event-Representation(AER)-Schnittstelle an den Chip übertragen.

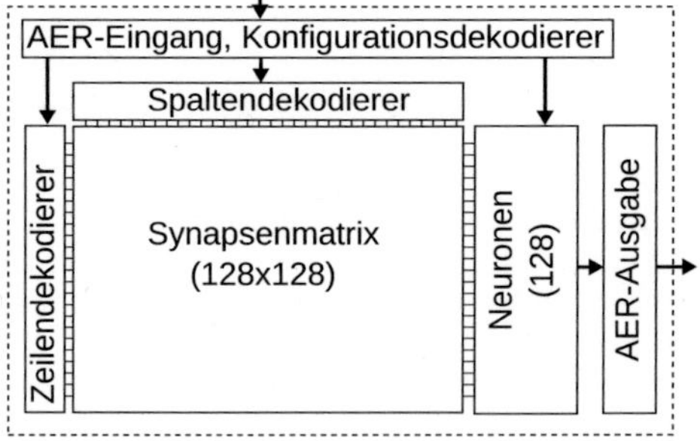

Abbildung 5.1: Struktur des FLANN-Chips [30]

Rent's Rule Aus der Matrixstruktur ergibt sich eine Beschränkung auf 128 Eingänge pro Neuron. Da jede Synapse unabhängig von anderen von einer individuellen Pulsquelle aus ansteuerbar ist, kann ein Chip Verbindungen von maximal 128 × 128 Pulsquellen aufnehmen. In der Rent-Charakteristik entspricht das dem maximal möglichen Rent-Exponenten r=1. Da die Anzahl möglicher Pulsquellen gleich der Anzahl der Synapsen ist, sind auch die Rent-Charakteristiken für Einzel- und Hyperkanten identisch. Der Verlauf der Rent-Charakteristik für Partitionen mit mehr als 128 Neuronen hängt vom Verbindungsnetzwerk zwischen den Chips ab, das nicht spezifiziert ist. Wird angenommen, dass dieses Netzwerk keine weiteren Beschränkungen erzeugt, bedeutet das eine Fortsetzung mit $r = 1$. Die resultierende Rent-Charakteristik ist in Abbildung 5.2 dargestellt.

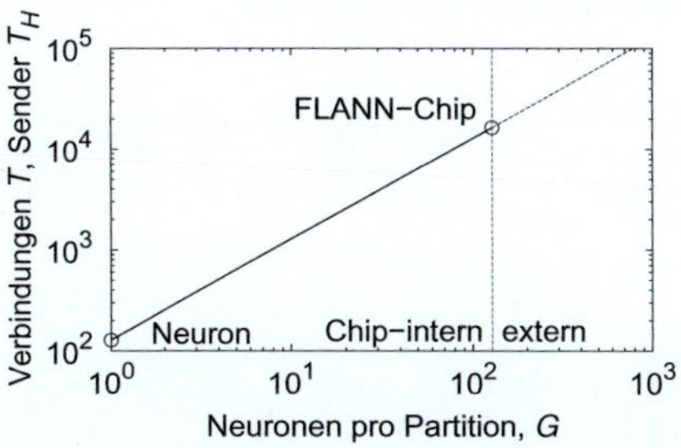

Abbildung 5.2: Rent-Charakteristik des FLANN-Chips

Die Rent-Charakteristik bestätigt, dass die wesentliche Beschränkung des FLANN-Chips die begrenzte Anzahl an Synapsen pro Neuron ist. Da die Rent-Charakteristik ansonsten mit $r = 1$ ansteigt, ergeben sich keine weiteren strukturellen Einschränkungen auf Chip-Ebene, das heißt jedes Netz, in dem alle Neuronen maximal 128 Synapsen aufweisen, ist, zumindest von der Rent-Charakteristik her, abbildbar.

Erweiterter Graph Abbildung 5.3 stellt Modellierung des FLANN-Chips durch einen erweiterten Graphen dar. Dazu wurde angenommen, dass der Chip in ein Netzwerk mit insgesamt N Pulsquellen eingebettet ist. Jedes Neuron erhält seine Eingänge durch ein Synapsenelement mit 128 Synapsen. Durch die individuelle Adressierung kann jede Synapse beliebig aus den N Pulsquellen des Netzwerks auswählen. Da für die Analysen in dieser Arbeit angenommen wird, dass mehrfache Verbindungen zwischen zwei Neuronen nicht benötigt werden, können Dopplungen bei der Auswahl der Synapsen für ein Neuron ausgeschlossen werden. Dies lässt sich mit einem P-Element pro Neuron modellieren, das mit dem zugehörigen Synapsenelement verbunden ist. Die Auswahl erfolgt außerhalb des Chips und entspricht damit einem externen Routingspeicher.

In Abbildung 5.4 ist die extrahierte Verbindungsmatrix für ein System aus vier FLANN-Chips ohne Berücksichtigung weiterer Pulsquellen dargestellt. Da alle Neuronen die gleiche Anzahl an Eingängen aufweisen und deren Auswahl direkt aus den vorhandenen Pulsquellen erfolgt, ergibt sich eine uniforme extrahierte Verbindungsmatrix mit Verbindungswahrscheinlichkeit $p = 128/N = 0,25$.

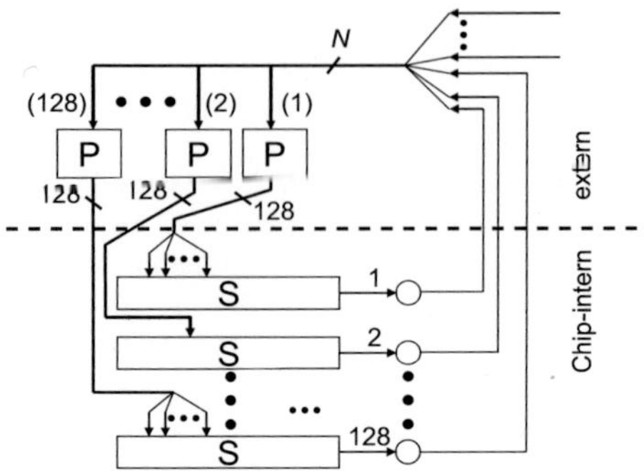

Abbildung 5.3: Modellierung des FLANN-Chips durch erweiterten Graphen

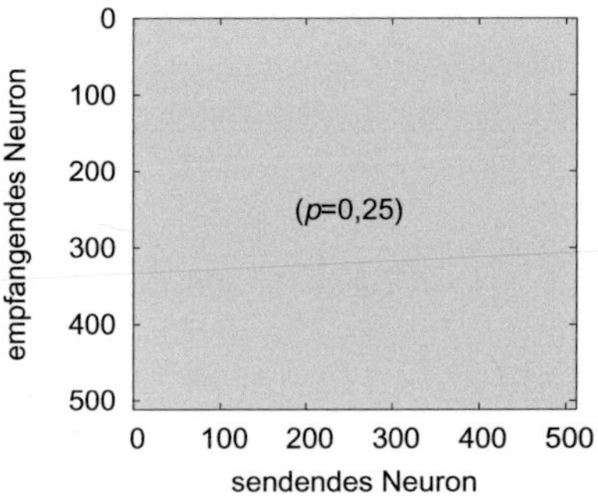

Abbildung 5.4: Extrahierte Verbindungsmatrix für vier FLANN-Chips, die miteinander ohne Restriktionen gekoppelt sind, $N = 4 \cdot 128$.

Abbildung 5.5 zeigt die Skalierung der Synapsenanzahl und des Konfigurationsspeichers mit der Anzahl der FLANN-Chips im System. Eine solche Charakterisierung kann dann zum Vergleich mit den in Kapitel 4 untersuchten Netzmodellen verwendet werden. Dazu wurde wieder die Anzahl der Pulsquellen N gleichgesetzt mit der Anzahl der Neuronen auf allen FLANN-Chips, das heißt es wurden keine weiteren Pulsquellen berücksichtigt. Die Anzahl der Synapsen wächst linear mit der Anzahl der Neuronen, da jedes Neuron 128 Synapsen aufweist. Damit sinkt die maximal abbildbare Besetzungsdichte mit $O(N^{-1})$. Enthält das System nur einen Chip, haben die Auswahlelemente keine Funktion, da die Anzahl der Synapsen pro Neuron genau für eine Vollvernetzung ausreicht. In Übereinstimmung damit ergibt auch die Berechnung des Konfigurationsspeichers gleich null. Für Systeme aus mehreren Chips wächst der Konfigurationsspeicher etwas stärker als linear mit N. Dabei steigt die Anzahl gleichartiger Konfigurationselemente linear, während sich zusätzlich der Adressraum der Pulsquellen erhöht. In grober Näherung kann daraus ein

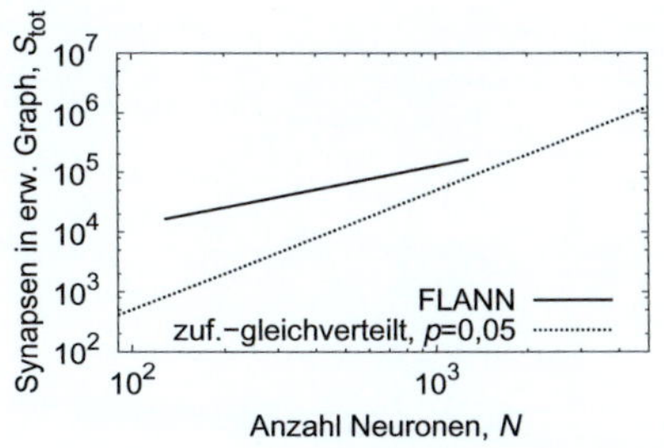

(a)

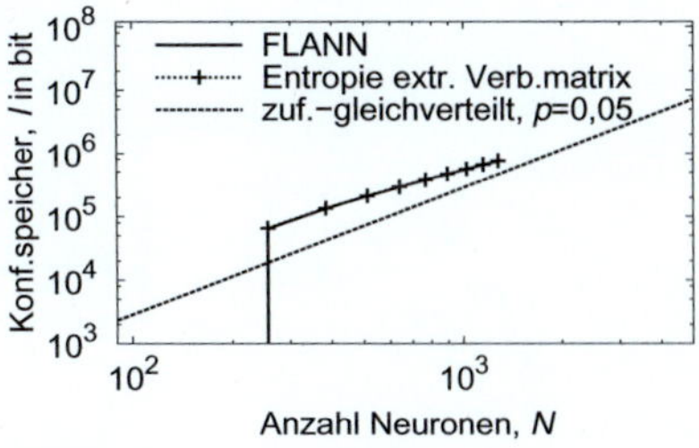

(b)

Abbildung 5.5: Skalierung der Synapsenanzahl (a) und des Konfigurationsspeichers (b) für den erweiterten Graphen des FLANN-Chips. Die Anzahl der Chips wurde von 1 bis 10 variiert.

Anwachsen mit $O(N \cdot \log(N))$ abgeschätzt werden. Die Entropie der extrahierten Verbindungsmatrix stimmt fast genau mit dem Konfigurationsspeicher im erweiterten Graphen überein. Da die Berechnung der Entropie von unabhängig voneinander realisierten Synapsen ausgeht, zeigt diese gute Übereinstimmung, dass so gut wie keine Abhängigkeiten bei der Konfiguration zwischen Synapsen bestehen. Leichte Abhängigkeiten existieren nur zwischen den Verbindungen zu einem Neuron, da deren Anzahl auf 128 beschränkt ist.

5.2 Fest verdrahtete Synapsenmatrix

In einer fest verdrahteten Synapsenmatrix sind die Synapsenschaltungen wiederum zeilenweise einem Neuron zugeordnet. Im Unterschied zu einer flexibel ansteuerbaren Synapsenmatrix werden aber alle Synapsen einer Spalte vom gleichen Eingangssignal getrieben. Dadurch entfällt die lokale Dekodierung über Zeilen-/Spaltenauswahlsignal komplett und die Ansteuerung ist prinzipiell vollständig parallel möglich. Ein weiterer wesentlicher Vorteil der gemeinsamen Pulsquelle für jede Spalte ist, dass alle Schaltungen, die nur von diesem Eingangssignal abhängen, aus der einzelnen Synapse ausgelagert und nur einmal pro Spalte implementiert werden können. Das kann Schaltungen zur Generierung der Wellenform des Synapsenstroms als auch Nachbildungen von Kurzzeitplastizität umfassen. Abhängig vom Anteil dieser Komponenten an der Gesamtschaltung der Synapse ergibt sich daraus eine wesentliche Verkleinerung des gesamten Flächenbedarfs, da Synapsen im Allgemeinen das mit Abstand zahlreichste Element eines neuromorphen Chips sind.

Eine Implementierung einer fest verdrahteten Synapsenmatrix ist der sogenannte Stage1-Chip des FACETS-Projektes [140], der für die Untersuchungen in diesem Abschnitt herangezogen wird. Diese Architektur entsteht ebenfalls bei der direkten Verwendung von Memristorenmatrizen als hochintegrierte Synapsen, wie sie momentan als Konzept existieren [145]. Da hier technologiebedingt eine Synapse nur aus einem Memristor besteht, lässt sich kein Dekoder für Auswahlsignale integrieren.

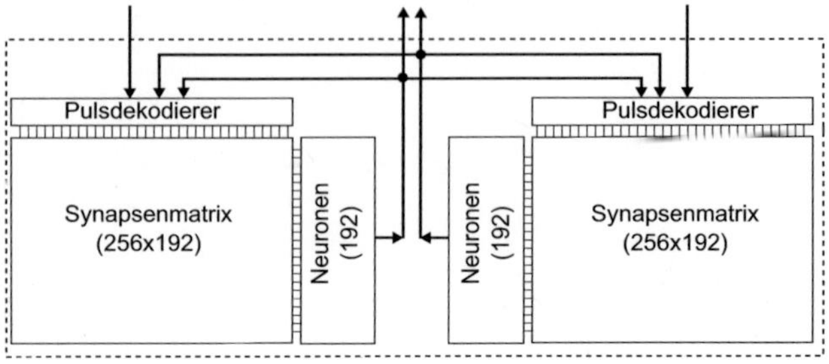

Abbildung 5.6: Struktur des Stage1-Chips [140]

Der Aufbau des Stage1-Chips ist in Abbildung 5.6 dargestellt. Jeder Chip besteht aus zwei Blöcken, die jeweils 192 Neuronen und eine Synapsenmatrix mit 256 Synapsen pro Neuron enthalten. Entsprechend einer fest verdrahteten Matrix treibt jeder Pulseingang eine komplette Spalte, das heißt wenn alle Synapsen aktiviert sind, erhalten alle Neuronen eines Blocks die gleichen 256 Eingänge. Die Neuronenausgänge jedes Blocks sind mit den ersten 192 Eingängen des eigenen und des jeweils anderen Blocks verbunden. Jeder dieser Eingänge kann darüberhinaus von außen angesteuert werden. Die verbleibenden 64 Eingänge pro Block werden nur von außerhalb getrieben.

Rent's Rule Durch die Matrixanordnung ist die Anzahl der Eingänge pro Neuron auf 256 beschränkt. Die Anzahl der Eingänge (Pulsquellen), die maximal in die gesamte Matrix eingespeist werden können, entspricht der Anzahl der Eingänge für jedes Einzelneuron, da die Matrix fest verdrahtet ist. Damit ergibt sich ein Exponent $r = 0$ innerhalb eines Matrixblocks für Hyperkanten. Als Konsequenz daraus muss ein einzelner Block Reserven in der Anzahl der Synapsen pro Neuron vorsehen, um den Anstieg in der Rent-Charakteristik (das heißt $r > 0$) eines abzubildenden Netzes ausgleichen zu können. Die Anzahl der Einzelverbindungen steigt dagegen mit $r = 1$, da die einzelnen Synapsen unabhängig für jedes Neuron vorhanden sind.

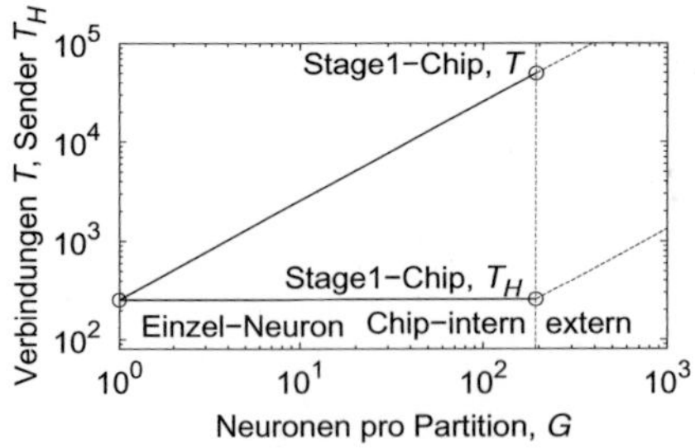

Abbildung 5.7: Rent-Charakteristik des Stage1-Chips

Abbildung 5.7 zeigt die resultierenden Rent-Charakteristiken für den Stage1-Chip. Dabei wurde wieder ein unbeschränktes Verbindungsnetzwerk außerhalb des Chips, das heißt $r = 1$, angenommen. Bei Betrachtung der Einzelverbindungen existieren bis auf die begrenzte Anzahl an Synapsen pro Neuron keine strukturellen Beschränkungen. Dagegen ergibt sich für die Anzahl der Hyperverbindungen eine relativ harte Beschränkung auf Chip-Ebene.

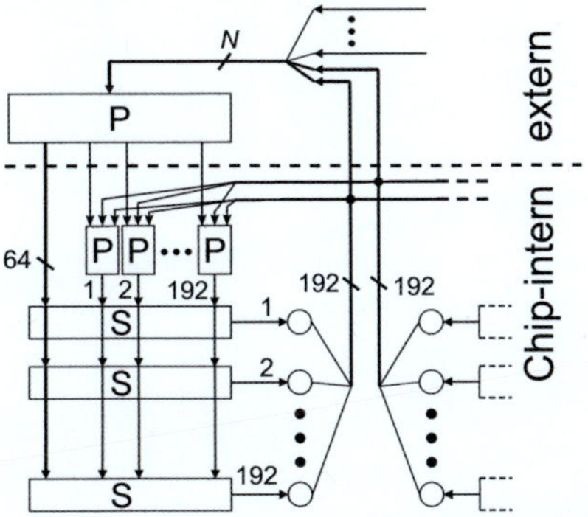

Abbildung 5.8: Modellierung des Stage1-Chips durch erweiterten Graphen

Erweiterter Graph Für die Modellierung des Stage1-Chips mit dem erweiterten Graphen kann die gleiche Struktur wie für die Architektur mit variabel ansteuerbarer Synapsenmatrix in Abschnitt 5.1 verwendet werden. Wie in Abbildung 5.8 dargestellt, gibt es dabei aber nur noch ein P-Element pro Block, das die Eingänge der Spalten konfiguriert. Zusätzlich wird für die ersten 192 Eingänge jedes Blocks über jeweils ein P-Element mit drei Eingängen und einem Ausgang zwischen interner und externer Ansteuerung ausgewählt.

Die in Abbildung 5.9 dargestellte extrahierte Verbindungsmatrix für ein System aus zwei Stage1-Chips zeigt zwei Bereiche mit höherer Verbindungswahrscheinlichkeit. Diese entstehen durch die interne Verbindung der Blöcke eines Chips. Da die Ansteuerung ansonsten gleichförmig von außen erfolgt, weist die Verbindungsmatrix keine weitere Struktur auf.

Abbildung 5.10 zeigt die Skalierung der Synapsenanzahl und des Konfigurationsspeichers mit der Anzahl der Stage1-Chips. Die Anzahl der Synapsen steigt wie für die variable Synapsenmatrix (Abschnitt 5.2) linear mit der Anzahl der Neuronen, da hier ebenfalls die Anzahl der Synapsen pro Neuron durch die Implementierung festgesetzt ist. Auch der Konfigurationsspeicher weist einen ähnlichen Anstieg auf. Sein Betrag ist jedoch deutlich geringer, da die Auswahl nur pro Spalte erfolgt und nicht individuell für jede Synapse. In diesem Zusammenhang ist auch der Vergleich mit der Entropie der extrahierten Verbindungsmatrix aufschlussreich, die den minimalen Konfigurationsspeicher darstellt, wenn alle Synapsen unabhängig mit der extrahierten Verbindungswahrscheinlichkeit realisierbar sein sollen. Der gegenüber der Entropie deutlich geringere Konfigurationsspeicher ist ein klarer Indikator für starke Abhängigkeiten zwischen den Synapsen. Diese entstehen durch die Zusammenfassung der Synapsen zu Spalten.

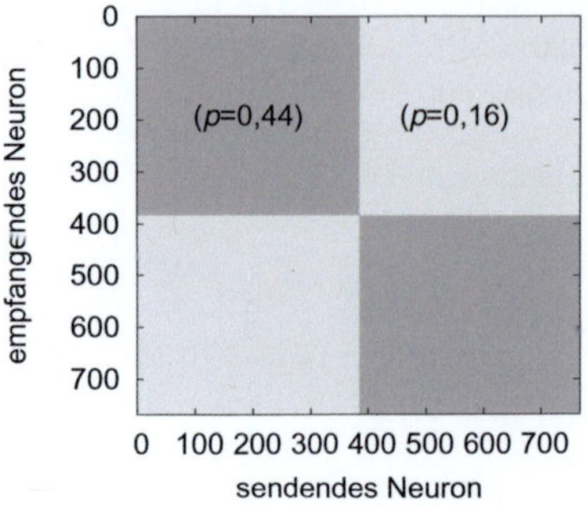

Abbildung 5.9: Extrahierte Verbindungsmatrix für zwei Stage1-Chips (vier Blöcke), die miteinander ohne Restriktionen gekoppelt sind

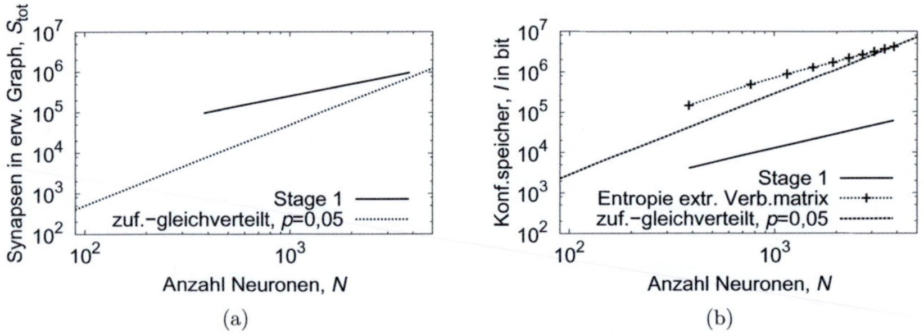

Abbildung 5.10: Skalierung der Synapsenanzahl (a) und des Konfigurationsspeichers (b) für den erweiterten Graphen des Stage1-Chips. Die Anzahl der Chips wurde von 1 bis 10 variiert.

5.3 Nächster-Nachbar-Kopplung

Alternativ zu den Architekturen mit einer Synapsenmatrix können auch die Neuronen matrixförmig angeordnet werden. Werden lediglich benachbarte Neuronen durch Synapsen miteinander verbunden, zum Beispiel in einer 4-Nachbarschaft, ergibt sich eine sehr gut in neuromorpher Hardware zu integrierende Architektur. Dieser Ansatz wird insbesondere für neuromorphe Bildverarbeitung verwendet [93, 94], motiviert aus der lokalen Struktur der Filterfunktionen in der Retina und in den ersten Schichten des visuellen Kortex [146].

Ein Beispiel für eine Implementierung mit Neuronenmatrix ist in [94] beschrieben. Die Neuronenmatrix hat in diesem Fall eine Größe von 64×32 Neuronen. Bei der Implementierung wurde die nächster-Nachbar-Kopplung durch ein Diffusionsnetzwerk realisiert, das auch eine Rückkopplung auf das eigene Neuron enthält. Zusätzlich kann jedes Neuron über

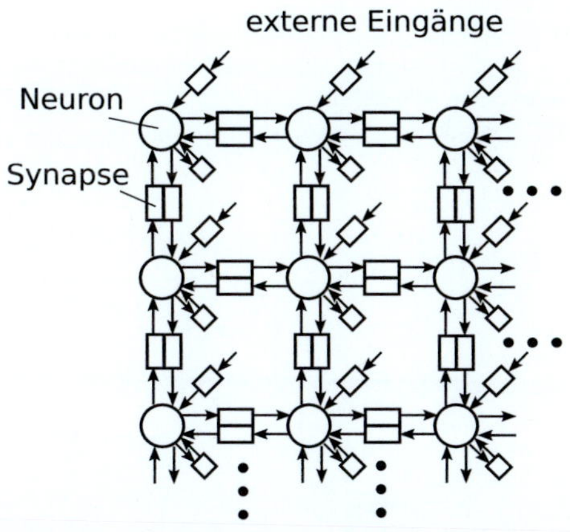

Abbildung 5.11: Abstrahierte Struktur des Chips von Choi et al. [94] mit Kopplung anhand einer 4-Nachbarschaft.

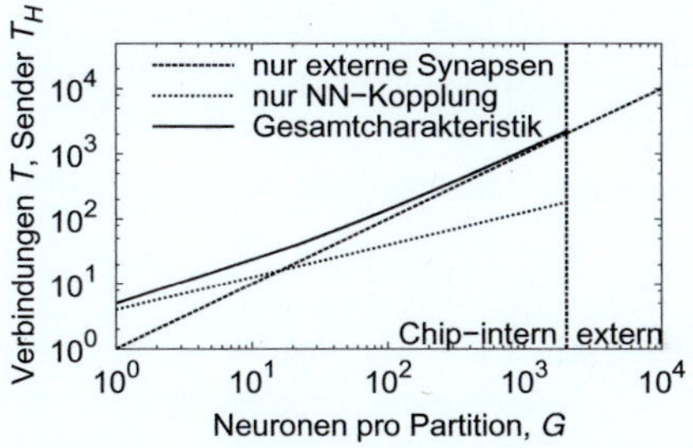

Abbildung 5.12: Rent-Charakteristik des Chips von Choi et al.

eine einzelne Synapsenschaltung von außen stimuliert werden. Um diese Implementierung mit den in Kapitel 3 entwickelten Methoden analysieren zu können, wird jede Kopplung des Diffusionsnetzwerkes als ein Synapsenpaar repräsentiert, das heißt eine Synapse pro Richtung vorgesehen. Abbildung 5.11 gibt einen Überblick über die Architektur.

Rent's Rule Im Vergleich zu den Implementierungen mit Synapsenmatrix ist die Zahl von sechs Synapsen pro Neuron sehr gering. In der Rent-Charakteristik verhalten sich die zwei Synapsentypen unterschiedlich: Während die Synapsen der nächster-Nachbar-Kopplung durch die zweidimensionale Anordnung der Neuronenmatrix mit $r = 1/2$ anwachsen, nimmt die Anzahl der externen Synapsen linear mit der Partitionsgröße zu ($r = 1$). Für Partitionen größer als die Chip-Ebene entfallen die Synapsen der nächster-Nachbar-Kopplung, da die Kommunikation zwischen Chips nur über die externen Synapsen erfolgt.

Die resultierende Rent-Charakteristik ist in Abbildung 5.12 dargestellt. Bei kleinen Partitionen überwiegen die Synapsen der nächster-Nachbar-Kopplung. Da die Anzahl der externen Synapsen jedoch deutlich stärker anwächst, dominieren diese relativ bald die Gesamtanzahl der Synapsen einer Partition. Dadurch ist der Einbruch beim Überschreiten der Chip-Grenze und Wegfall der nächster-Nachbar-Kopplung nur gering ausgeprägt.

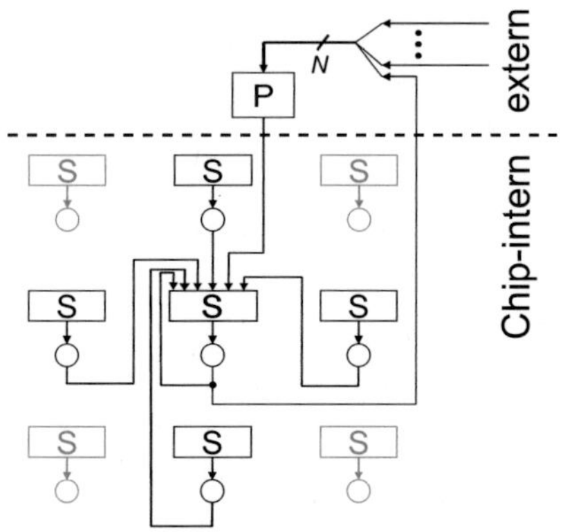

Abbildung 5.13: Modellierung des Chips von Choi et al. durch erweiterten Graphen

Erweiterter Graph In Abbildung 5.13 ist der erweiterte Graph für die Implementierung in [94] dargestellt. Jedes Neuron erhält ein Synapsenelement mit sechs Synapsen. Fünf davon sind direkt mit den Ausgängen benachbarter Neuronen und des eigenen Neurons verbunden und bilden das Diffusionsnetzwerk ab. Die verbleibende Synapse wird von extern über ein P-Element angesteuert, das aus allen N möglichen Quellen des Netzwerks auswählt.

Durch die festen Synapsen ergibt sich eine deutliche Struktur in der extrahierten Verbindungsmatrix, wie Abbildung 5.14 zeigt. Die nächster-Nachbar-Kopplung ist als typische Streifenstruktur um die Hauptdiagonale herum erkennbar. Die externe Synapse resultiert in einer geringen, konstanten Verbindungswahrscheinlichkeit für alle sonstigen Verbindungen.

Abbildung 5.15 stellt die Skalierung der Synapsenanzahl und des Konfigurationsspeichers mit der Größe der Neuronenmatrix dar. Die Anzahl der Synapsen skaliert wie erwartet linear mit der Anzahl der Neuronen, ihr Betrag ist jedoch im Vergleich zu den Implementierungen mit Synapsenmatrix gering. Der benötigte Konfigurationsspeicher fällt ebenfalls relativ klein aus, da nur eine Synapse pro Neuron konfigurierbar ist. Im Vergleich dazu ist die Entropie der extrahierten Verbindungsmatrix etwas höher. Verursacht wird das durch Abhängigkeiten im erweiterten Graphen, da nur eine Synapse pro Neuron existiert, die, wenn einmal besetzt, nicht für eine andere Verbindung zum selben Neuron verwendbar ist. Im Vergleich zu den anderen bisher untersuchten Architekturen ist auch die Entropie der extrahierten Verbindungsmatrix deutlich kleiner. Das zeigt, dass in ihrer Struktur bereits die wesentlichen Einschränkungen durch die Chip-Architektur enthalten sind.

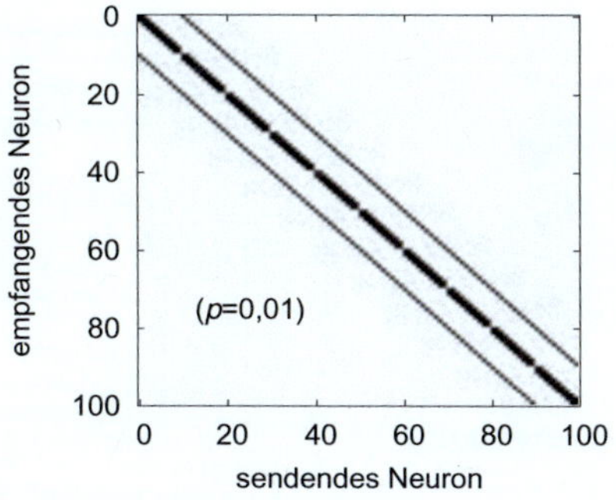

Abbildung 5.14: Extrahierte Verbindungsmatrix für die Verbindungsarchitektur nach Choi et al. Zur besseren Sichtbarkeit der Verbindungsstruktur wurde die Neuronenmatrix auf eine Größe von 10 × 10 reduziert.

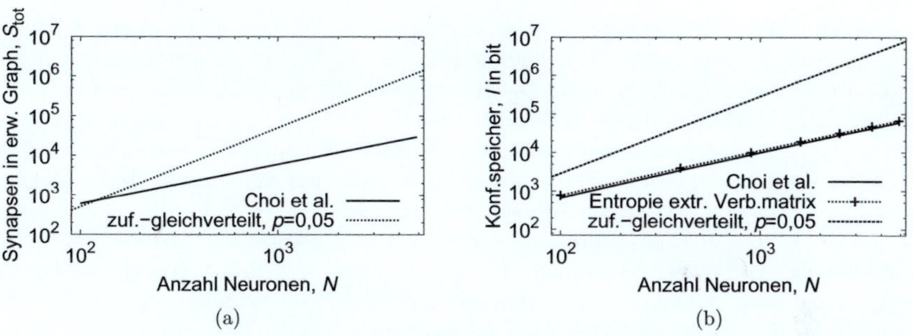

Abbildung 5.15: Skalierung der Synapsenanzahl (a) und des Konfigurationsspeichers (b) für den erweiterten Graphen der Verbindungsarchitektur nach Choi et al. Die Größe der Neuronenmatrix wurde von 10 × 10 bis 70 × 70 variiert.

5.4 FACETS/BrainScaleS Waferscale-System

Im Rahmen der EU-Projekte FACETS und BrainScaleS wurde ein neuromorphes Hardwaresystem entworfen, das einen zusammenhängenden Wafer als Grundeinheit verwendet [32]. Die einzelnen auf dem Wafer produzierten Maskenabschnitte werden dabei durch einen separaten Prozessierungsschritt miteinander verbunden. Dadurch lässt sich eine deutlich höhere Anzahl an physischen Verbindungen realisieren im Vergleich zur Zusammenschaltung einzelner Integrated Circuits (IC) über eine Leiterplatte (engl. Printed Circuit Board (PCB)). Das System ist für die schnelle Simulation großer neuronaler Netze gedacht. Deshalb arbeiten die neuromorphen Schaltungen um einem Faktor von ca. 10^4 schneller als die entsprechenden biologischen Prozesse, was gleichzeitig die Integrationsdichte erhöht.

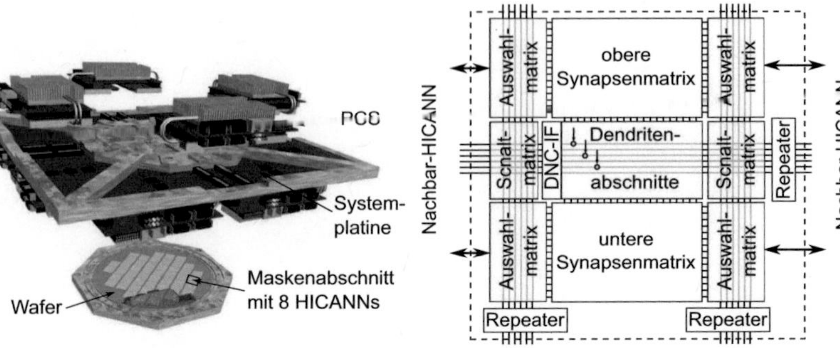

(a) (b)

Abbildung 5.16: Aufbau des FACETS/BrainScaleS Waferscale-Systems. (a) Aufbau eines Wafermoduls, (b) Struktur eines einzelnen HICANN ICs [32].

Abbildung 5.16a zeigt den Aufbau eines Wafermoduls [18]. Der Wafer ist auf der Oberseite kontaktiert mit der zentralen Systemplatine, die die Verteilung der Stromversorgung und der Ansteuersignale übernimmt. Die Kommunikation mit dem Wafer von außen erfolgt über zwölf sogenannte Pulse Communication Subgroups (PCS), die jeweils aus einem FPGA und vier ASICs, bezeichnet als Digital Network Chips (DNC), bestehen [22]. Über die PCS erfolgt dabei sowohl die gesamte Pulskommunikation mit anderen Wafermodulen, als auch die Konfiguration der Schaltungen auf dem Wafer. Auch wenn das dadurch realisierte paketbasierte Kommunikationsnetz, genannt L2-Netzwerk, wesentlicher Bestandteil des Systems ist, wird es für die folgenden Untersuchungen zunächst nicht detaillierter modelliert, da es keine Neuronen oder Synapsen enthält. Diese befinden sich ausschließlich auf dem Wafer. Dessen wiederkehrende Block ist der sogenannte High Input Count Analog Neural Network (HICANN), welcher neben den eigentlichen analogen Schaltungen für Synapsen und Neuronen digitale, serielle Übertragungskanäle zur Übertragung von Pulsen auf dem Wafer enthält. Der Maskensatz für die Fertigung mit einer Größe von 2×2 cm enthält acht HICANNs und wird über den gesamten Wafer vervielfältigt, wodurch ein regelmäßiges Gitter aus HICANN-Blöcken entsteht.

Abbildung 5.16b stellt den Aufbau eines HICANN dar [32]. Sein zentrales Element ist die Synapsenmatrix, die in zwei Teile mit jeweils 256×224 Synapsen geteilt ist. Dazwischen befinden sich 2×256 Neuronenbaublöcke, von denen jeder mit einer Synapsenspalte mit 224 Synapsen verbunden ist. Benachbarte Neuronenbaublöcke können zusammengeschaltet werden, was die Anzahl der Synapsen pro Neuron vervielfacht. Bis zu 64 Abschnitte sind kombinierbar, wodurch maximal 14336 Synapsen pro Neuron erreicht werden können. Der Neuronen- und Synapsenblock ist eingebettet in ein Verbindungsnetzwerk, das den gesamten Wafer überspannt (sogenanntes L1-Netzwerk). Jeder Kanal des L1-Netzwerks überträgt Pulse mit einer Adressbreite von 6 Bit, was einem Adressraum für 64 Pulsquellen entspricht. Die Anordnung der Kanäle erfolgt ähnlich zu Inselarchitekturen für FPGAs: Kanäle verlaufen horizontal und vertikal und können an den Übergängen zwischen HICANNs entweder aufgetrennt oder durch Repeaterschaltungen mit dem benachbarten HICANN verbunden werden. Die Verbindung untereinander und mit den Synapsenblöcken erfolgt durch Schaltmatrizen. In diesen Matrizen sind die mögliche Schaltpunkte ausgedünnt, um die kapazitive Last auf den Leitungen zu verringern. Immer zwei Zeilen der Synapsenmatrix werden durch eine Treiberschaltung angesteuert, die wiederum von einem durch die Auswahlmatrix bestimmten L1-Kanal stimuliert wird. Die benachbarten Auswahlmatrizen sind dabei zusätzlich miteinander verbunden, so dass ein Treiber auch auf die ihm zugewandten vertikalen Kanäle des Nachbar-HICANNs zugreifen kann (siehe Abbildung 5.16b). Die Dekodierung der 6 Bit L1-Adresse erfolgt in zwei Stufen: Die oberen 2 Bit werden im Synapsentreiber ausgewertet, der darauf eine von vier Synapsengruppen in der Zeile ansteuert. Diese sind in Form eines Schachbrettmusters angeordnet (siehe [36, Abbildung 6]). Die Dekodierung der unteren 4 Bit erfolgt individuell konfigurierbar in jeder Synapse. Jeder HICANN hat eine Schnittstelle zu einem DNC mit einem Adressbereich für 512 Pulsquellen, die ihn mit einer PCS verbindet.

Rent's Rule In der Rent-Charakteristik lassen sich drei Ebenen unterscheiden. Innerhalb des HICANNs begrenzt die Synapsenmatrix die Anzahl der Eingänge. Für mehrere HICANNs innerhalb eines Wafers können Pulsquellen über das L1- und das L2-Netzwerk von außen eingespeist werden. Umfasst die Partition einen oder mehrere Wafer, entfällt die Kommunikation über das L1-Netzwerk und Pulsquellen können nur über das L2-Netzwerk angeschlossen werden.

Die Anzahl der verwendeten Neuronen pro HICANN ist variabel, da sie zusammengeschaltet werden können. Dadurch ergibt sich im Wesentlichen eine Verschiebung der Rent-Charakteristik in der Partitionsgröße. Für die Untersuchungen wird hier von 64 Neuronen pro HICANN ausgegangen. Dadurch ist der Adressraum eines L1-Kanals gerade gefüllt. Bei weniger Neuronen pro HICANN wäre das nicht mehr der Fall, wodurch die Anzahl der über das L1-Netzwerk übertragbaren Pulsquellen systematisch geringer wäre als durch die Adressräume vorgegeben.

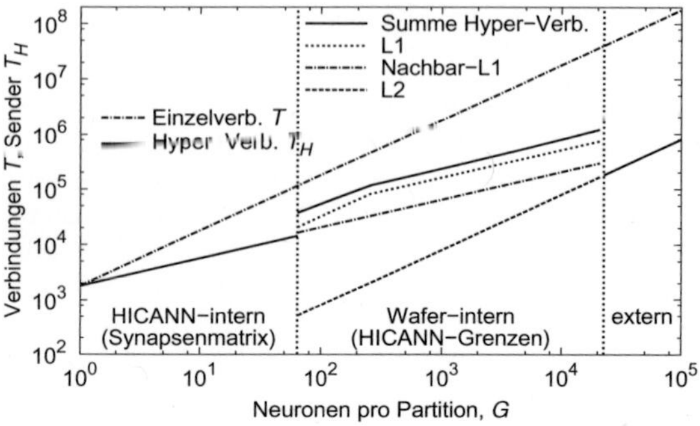

Abbildung 5.17: Rent-Charakteristik des FACETS/BrainScaleS Waferscale-Systems. Für die Partitionen innerhalb eines Wafers wurde vereinfachend jeweils eine quadratische Anordnung von HICANNs angenommen.

Abbildung 5.17 zeigt die dreigeteilte Rent-Charakteristik des Waferscale-Systems. Die maximale Anzahl der Synapsen pro Neuron ist durch die Anzahl der Neuronen pro HICANN bestimmt. Für die gewählten 64 Neuronen pro HICANN beträgt sie 1792. Da diese Zahl konstant ist, steigt die maximale Anzahl an Einzelverbindungen mit $r=1$ an.

Für Hyperkanten ist dagegen die oben beschriebene dreigeteilte Kurve sichtbar, zwischen deren Teilen Sprünge auftreten. Da die L1- und L2-Kanäle Signale von mehr Pulsquellen an einen HICANN heranführen, als in die Synapsenmatrix eingespeist werden können, ergibt sich ein Sprung nach oben am ersten Übergang. Erreicht die Partitionsgröße dagegen einen Wafer, fallen die L1-Kanäle weg, wodurch sich ein Sprung nach unten ergibt. Letzterer wird durch die Näherung mit quadratischen Partitionen verursacht; für eine reale Partitionierung des Wafers ist dagegen ein kontinuierlicher Übergang zu erwarten.

Auf der Ebene eines einzelnen Wafers sind die Charakteristiken des L1- und L2-Netzwerks gut zu erkennen. Die L1-Kanäle liegen in großer Anzahl pro HICANN vor, steigen durch ihre zweidimensionale Anordnung mit $r=1/2$ an. Dagegen lassen sich wesentlich weniger Pulsquellen über das L2-Netzwerk pro HICANN einspeisen. Ihre Zahl wächst aber mit $r=1$, weshalb sie auf der Ebene eines Wafers fast die Anzahl der L1-Leitungen erreichen. Wie bei den anderen untersuchten Hardware-Systemen wurde das globales Verbindungsnetzwerk (in diesem Fall das L2-Netzwerk) ideal angenommen.

Erweiterter Graph Das Konzept des FACETS/BrainScaleS Waferscale-Systems, insbesondere des L1-Netzwerks, ist es, eine große Zahl an Verbindungsressourcen bereitzustellen, die durch Konfiguration erst sinnvoll miteinander verknüpft werden müssen. Demgegenüber geht das in dieser Arbeit entwickelte Konzept des erweiterten Graphen von einer optimierten Konfigurierbarkeit aus, das heißt es wird vorausgesetzt, dass nur sinnvolle Konfigurationen existieren. Dieser Widerspruch existierte zum Teil auch bei den anderen untersuchten Hardwaresystemen, allerdings waren ihre Verbindungsstrukturen so einfach, dass sich ein geeignetes Modell mit einem erweiterten Graphen entwickeln ließ. Die Architektur eines HI-

CANN weist jedoch eine Vielzahl an Besonderheiten und Konfigurationsoptionen auf. Diese können mit einem detaillierten Modell abgebildet werden, das jedoch kaum verifizierbar ist und wegen der oben genannten unterschiedlichen Grundannahmen zwischen tatsächlicher Verwendung und Modell unter Umständen irreführende Resultate liefert. Demgegenüber wird im Folgenden ein stark vereinfachtes Modell verwendet, das das L1- und das L2-Netzwerk als ideal annimmt und lediglich die Verbindungsstruktur der Synapsenblöcke widerspiegelt. Als weitere Vereinfachung wird die Anzahl der Neuronen pro HICANN auf 64 festgelegt, das heißt immer acht Dendritenabschnitte miteinander verbunden.

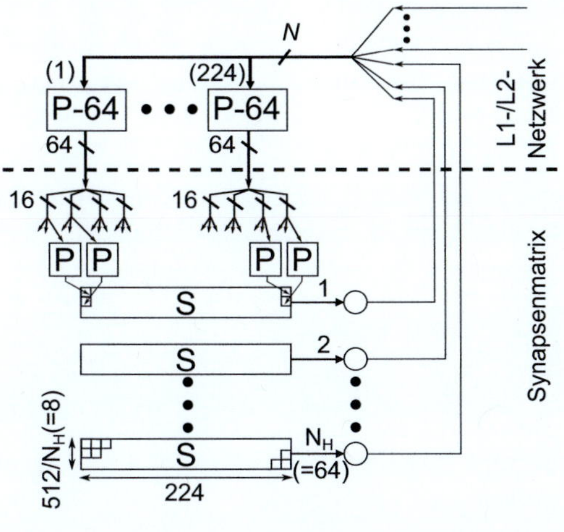

Abbildung 5.18: Erweiterter Graph für einen HICANN-Synapsenblock.

Abbildung 5.18 zeigt den resultierenden erweiterten Graphen. Jedes Neuron ist mit einem Synapsenelement verbunden, das einen Matrixabschnitt der Größe 224x8 umfasst. Jede Synapse wählt ihren Eingang über ein P-Element aus 16 Eingangssignalen aus. Diese Signale entsprechen jeweils einem Viertel der 64 Leitungen des zugehörigen Synapsentreibers einer Spalte in Abbildung 5.18. Dadurch entstehen vier unabhängige Gruppen von Synapsen, die in einem regelmäßigen Muster in der Synapsenmatrix angeordnet sind [36]. Jede Spalte, das heißt jeder Synapsentreiber kann wiederum über ein P-Element einen 64er-Block (entspricht einem L1-Kanal) aus allen verfügbaren Blöcken auswählen, deren Anzahl $N/64$ beträgt. Dadurch erfolgt die Modellierung eines idealen L1-/L2-Netzwerks.

Abbildung 5.19 zeigt extrahierte Verbindungsmatrizen für den erweiterten Graphen aus Abbildung 5.18, wobei vier Synapsenblöcke verwendet wurden. Die Synapsenmatrix wurde dabei auf 128x64 verkleinert (bei immer noch 64 Neuronen pro HICANN), da sonst mehr Synapsen verfügbar wären als für Vollvernetzung benötigt würden. Die Extraktion der Verbindungswahrscheinlichkeiten für diesen Graph ist in Abbildung 5.19a dargestellt. Sie zeigt eine uniforme Matrix, da alle Synapsen in der Synapsenmatrix gleichwertig sind. Werden wie in Abbildung 5.19b die Adressbereiche, aus denen die Synapsen auswählen können, angepasst, ist dagegen eine Streifenstruktur sichtbar, da nun Verbindungen von bestimm-

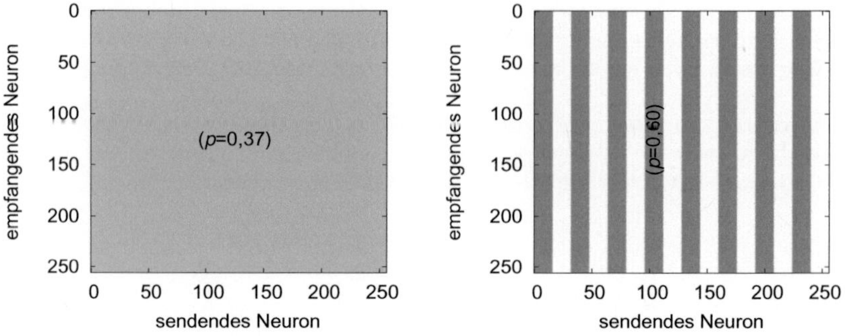

(a) (b)

Abbildung 5.19: Extrahierte Verbindungsmatrizen für das FACETS/BrainScaleS Waferscale-Systems. (a) normale Extraktion, (b) Extraktion für den Fall, dass nur die Adressbereiche 0..15 und 32..47 der L1-Kanäle für die Synapsen verfügbar sind, das heißt jeweils zwei Synapsengruppen zusammengefasst wurden.

ten Neuronenadressen keine Synapsen mehr erreichen können. Das zeigt den Einfluss der Gruppierung in 64er-Blöcke (L1-Kanäle) auf die Verbindungsstruktur: Die Position eines Neurons auf einem HICANN bestimmt, welche Synapsen auf anderen HICANNs überhaupt angesteuert werden können.

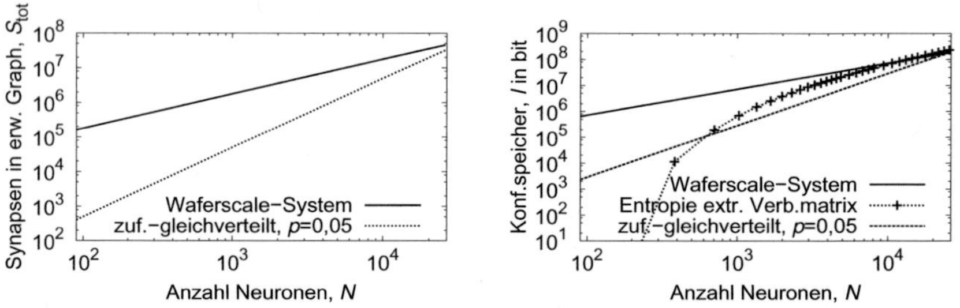

(a) (b)

Abbildung 5.20: Skalierung der Synapsenanzahl (a) und des Konfigurationsspeichers (b) für den erweiterten Graphen des FACETS/BrainScaleS Waferscale-Systems. Die Anzahl der HICANNs wurde von 1 bis 400 variiert, was ungefähr der Dimension eines Wafers entspricht [32].

Abbildung 5.20 stellt die Skalierung der Synapsenanzahl und des Konfigurationsspeichers für den erweiterten Graphen aus Abbildung 5.18 mit der Anzahl der HICANNs dar. Dabei wurde die originale Größe der Synapsenmatrix von 224x512 verwendet. Wie bei den anderen untersuchten Hardwaresystemen wächst die Synapsenanzahl linear, ihre Anzahl pro Neuron ist mit 1792 jedoch wesentlich größer. Der Konfigurationsspeicher wächst ebenfalls linear, da er durch die 4 bit-Konfiguration (Auswahl aus 16 Eingangssignalen) der einzelnen Synapsen bestimmt wird. Demgegenüber fällt die Konfiguration des idealen L1-/L2-Netzwerks nicht ins Gewicht. Durch die große Anzahl an Synapsen ist bei kleineren Netzen mehr als Vollvernetzung möglich, wodurch die extrahierte Verbindungswahrscheinlichkeit nahe eins liegt. Dadurch ist die Entropie der extrahierten Verbindungsmatrix zunächst klein, bevor sie sich an die Kurve des Konfigurationsspeichers annähert. Da die Extraktion in einer uniformen Matrix resultiert, ist eine weitere Skalierung wie ein zufällig-gleichverteiltes Netz mit konstanter Anzahl Synapsen pro Neuron (siehe Abbildung 4.6d) zu erwarten. Die ähnlichen Werte für Konfigurationsspeicher und Entropie deuten auf eine große Flexibilität bei der Konfiguration der Verbindungen hin. Durch die individuelle Konfiguration pro Synapse entsteht jedoch sehr viel Redundanz bei der Konfiguration, zum Beispiel durch Mehrfachverbindungen zwischen zwei Neuronen, die durch die Modellierung nicht ausgeschlossen wird. Dadurch ist die Aussagefähigkeit dieses Ergebnisses begrenzt.

5.5 Vergleich der untersuchten Hardwaresysteme

Dieser Abschnitt stellt die untersuchten Hardwaresysteme bezüglich ihres Skalierungsverhaltens gegenüber. Dabei wird die gleiche Methodik wie in Abschnitt 4.5 verwendet.

Abbildung 5.21a zeigt die Ortskurve des Konfigurationsspeichers über der Synapsenanzahl. Dazu wurden die Daten aus den Diagrammen für die Skalierung der erweiterten Graphen der einzelnen Hardwaresysteme verwendet. Die unterschiedlichen Größen der Systeme sind deutlich erkennbar. Dies ist auch den verwendeten Daten geschuldet; zum Beispiel zeigt die Kurve für Choi et al. ungefähr die Skalierung innerhalb eines Chips, während bei den anderen von Systemen mit mehreren Chips ausgegangen wurde. Wichtiger als diese Größenunterschiede ist dagegen das Skalierungsverhalten. Dieses ist bei allen ähnlich, es ergibt sich ein ungefähr linearer Zusammenhang. Bezüglich des Verhältnisses von Konfigurationsspeicher zu Synapsenanzahl bildet das Stage1-System eine Ausnahme nach unten, da es nur individuell je Synapsenspalte konfigurierbar ist. Demgegenüber liegen alle anderen Systeme mit individuell konfigurierbaren Synapsen ungefähr auf einer Geraden.

Wie für die Netzmodelle in Abschnitt 4.5 erlaubt das Extrahieren eines Potenzgesetzes einen übersichtlichen Vergleich der untersuchten Hardwaresysteme. Abbildung 5.21b stellt dahingehend die Skalierung der Synapsenanzahl dar. Alle Systeme skalieren genau linear, da das Verhältnis zwischen Neuronen und Synapsen auf allen Systemen konstant ist; es gibt jedoch große Unterschiede zwischen den Absolutwerten. Für das FACETS/BrainScaleS Waferscale-System stellt der Punkt den Fall mit 64 Neuronen pro HICANN dar, der dargestellte Absolutwert kann jedoch zwischen 224 und 14336 variiert werden.

Die Skalierung der Konfigurationsspeicher ist in Abbildung 5.21c gegenübergestellt. Das Waferscale-System skaliert genau linear, da die dominante 4-Bit-Auswahl in den Synapsen unabhängig von der Netzgröße ist. Für alle anderen Systeme wächst der Adressraum mit der Netzgröße, was einer Skalierung mit $O(N \cdot \log(N))$ entspricht. Die Unterschiede in den Exponenten bei diesen Systemen sind in den unterschiedlichen bei der Extraktion verwen-

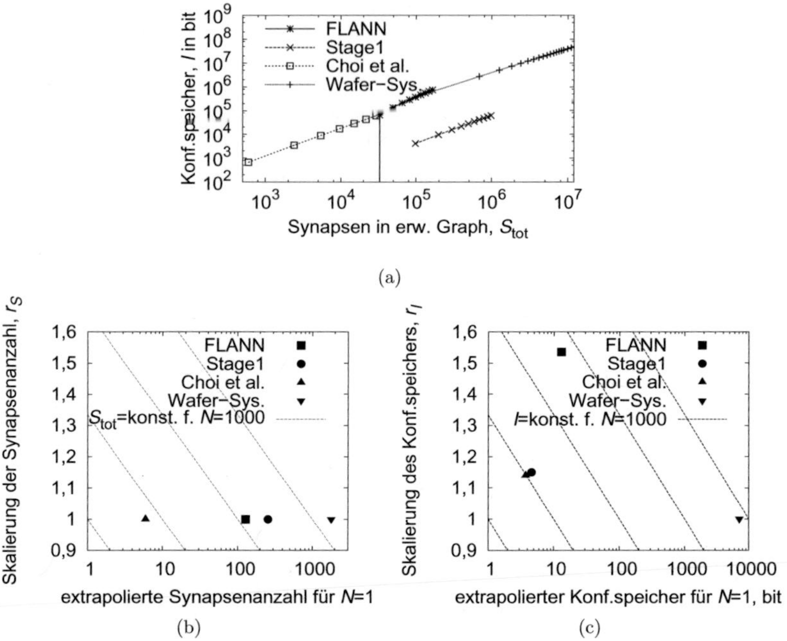

Abbildung 5.21: Gegenüberstellung der untersuchten Hardwaresysteme. (a) Ortskurve Konfigurationsspeicher über Synapsenanzahl, (b) Klassifizierungsdiagramm über die Synapsenanzahl, (c) Klassifizierungsdiagramm über den Konfigurationsspeicher.

deten Netzgrößen begründet, da die Vergrößerung des Adressraums mit der Netzgröße an Bedeutung für die Skalierung verliert. Dabei ist zu beachten, dass diese aus dem erweiterten Graphen extrahierten Werte den Konfigurationsraum darstellen, der mit den jeweiligen Chips realisiert werden kann. Die Konfigurationsinformation, das heißt die Routingdaten, muss jedoch größtenteils extern gespeichert und dekodiert werden.

Abbildung 5.22 fasst die Klassifizierungsdiagramme für Netzmodelle und Hardwaresysteme zusammen. Bezüglich der Synapsenanzahl in Abbildung 5.22a ist deutlich zu erkennen, dass die Hardwaresysteme mit ihrem notwendigerweise linearen Anstieg in der Skalierung hinter den meisten Netzmodellen zurückbleiben. Dadurch können sie diese nicht für beliebige Netzgrößen abbilden. Für eine begrenzte Netzgröße ist dagegen ein Ausgleich durch eine größere Zahl an Synapsen pro Neuron möglich, wie es die gestrichelten Geraden in Abbildung 5.22a zeigen. Daraus ist zum Beispiel zu erkennen, dass das Waferscale-System mit seiner großen Anzahl an Synapsen pro Neuron prinzipiell alle Netzmodelle bis zur angegebenen Netzgröße $N = 1000$ realisieren kann. Da die Anzahl der Synapsen pro Neuron in biologischen neuronalen Netzen ebenfalls begrenzt ist, erscheint nach diesem Vergleich

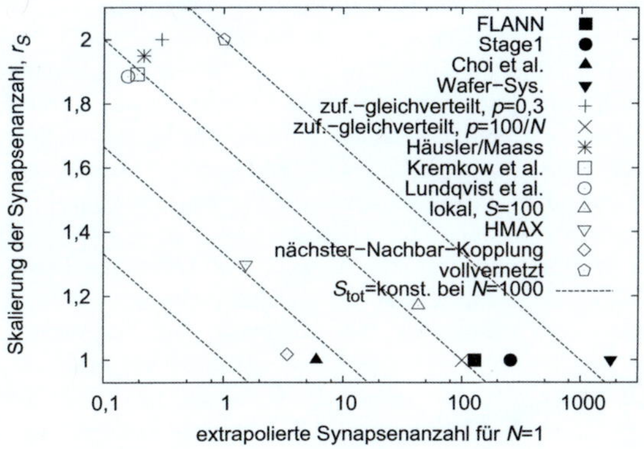

(a)

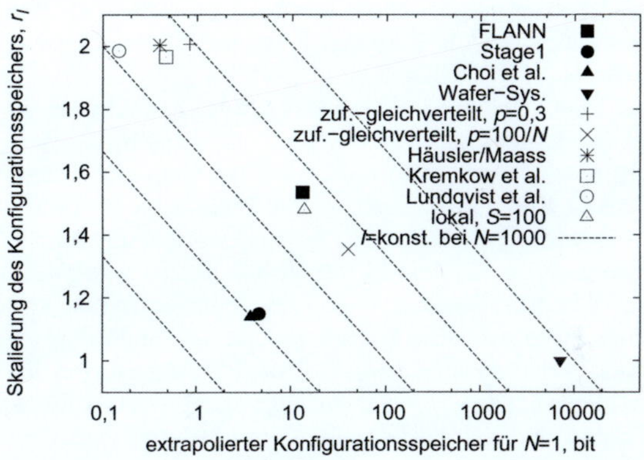

(b)

Abbildung 5.22: Gegenüberstellung der untersuchten Hardwaresysteme mit den Netzmodellen aus Kapitel 4. (a) Klassifizierungsdiagramm über die Synapsenanzahl, (b) Klassifizierungsdiagramm über den Konfigurationsspeicher.

eher eine Modifikation der Netzmodelle bei größerer Skalierung notwendig [41].

Für den Konfigurationsspeicher in Abbildung 5.22b ergibt sich ein ähnliches Bild. Die Hardwaresysteme weisen eine geringere Skalierung auf als die meisten Netzmodelle. Das hängt indirekt mit dem Wachstum der Synapsenanzahl zusammen, da mit jeder weiteren Synapse auch der Konfigurationsaufwand steigt. Das FLANN-System erscheint in seinem Skalierungsverhalten noch am ehesten kompatibel mit den untersuchten Netzmodellen, insbesondere mit der lokalen Vernetzung und dem zufällig-gleichverteilten Netzmodell mit konstanter Synapsenanzahl pro Neuron. Dies ist aber der Extraktion der Skalierungsparameter bei einer begrenzten Netzgröße geschuldet; die Skalierung mit $O(N \cdot \log(N))$ nähert sich für größere Netze an ein lineares Wachstum an.

Die in diesem Kapitel näher untersuchten Hardwaresysteme implementieren Neuronen und Synapsen als explizite Schaltungen, was zwangsläufig die vorgefundene lineare Skalierung verursacht. Systeme, die Synapsen oder Neuronen nicht fest implementieren, können diese Beschränkungen zum Teil umgehen. Das gilt speziell für die am Anfang des Kapitels eingeführten Systeme mit Multisynapsen, sowie neuromorphe MPSoC-Systeme, die Verhaltensgleichungen für Neuronen und Synapsen lösen.

Für Systeme mit Multisynapsen existieren zunächst keine absoluten Beschränkungen der Verbindungsstruktur auf Chip-Ebene. Einschränkungen entstehen lediglich durch die begrenzte Bandbreite der Ansteuerung, die abhängig vom Pulsverhalten ist. Da diese Bandbreite für eine bestimmte Implementierung konstant ist, entsteht daraus eine verhaltensabhängige Obergrenze an die Anzahl der Synapsen pro Chip. Systeme mit Multisynapsen bieten sich für statische Synapsen mit linearer Überlagerung der Pulse an, da ihr festes Synapsengewicht einfach in dem sowieso benötigten externen Routingspeicher abgelegt und zusammen mit der Zieladresse übertragen werden kann. Jegliche Form von synaptischer Kurz- oder Langzeitplastizität muss jedoch außerhalb des Chips berechnet werden, was einen wesentlichen Anteil an der Komplexität neuromorpher Hardware weg vom einzelnen Chip verlagert.

In neuromorphen MPSoC-Systemen entscheidet der Rechenaufwand für die verwendeten Modelle zusammen mit Anforderungen an die Simulationsgeschwindigkeit über die Anzahl der Neuronen und Synapsen, die pro Prozessor oder pro Chip realisiert werden können. Es existieren zunächst keine Einschränkungen an die realisierbaren Verbindungsstrukturen. Allerdings können aus begrenzten Bandbreiten der Übertragungskanäle ähnliche verhaltensabhängige Obergrenzen an die Anzahl der Verbindungen wie bei Systemen mit Multisynapsen entstehen. Wie bei allen verteilten Berechnungen ist die Synchronisierung der Zeitbasen der einzelnen Prozessorkerne kritisch für die Leistungsfähigkeit der gesamten Simulation. Dies ist stark verhaltensabhängig: Während Verzögerungen der Pulsübertragung im Modell zum Beschleunigen der Simulation ausgenutzt werden können, hat eine hohe Pulsaktivität einen negativen Effekt auf die Simulationsgeschwindigkeit [147]. Das (teilweise) Verwenden von festen Zeitschritten in Simulationen vereinfacht das Problem der Synchronisierung, kann aber zu einer deutlichen Verschlechterung der Simulationsgenauigkeit führen [23]. Da MPSoC-Systeme nicht wie neuromorphe Hardware mit Analogschaltungen auf einen bestimmten Parameterbereich für Zeitkonstanten beschränkt sind, ist ihre Zeitbasis prinzipiell beliebig. Liegen keine Echtzeitanforderungen vor, kann die Zeitbasis dadurch relativ problemlos angepasst werden.

Unabhängig von der Implementierungsvariante gilt für alle Hardwaresysteme der offensichtliche Zusammenhang, dass alle Parameter und Baublöcke, die fest in einem Modul realisiert wurden, linear mit der Anzahl der Module wachsen. Für Systeme mit explizit implementierten Synapsenschaltungen betrifft das die Anzahl der Synapsen, für MPSoC-Systeme die Rechenleistung und den Speicherplatz. Wächst die Synapsenanzahl oder der Konfigurationsspeicher mehr als linear mit der Netzgröße, sinkt dadurch die Anzahl der pro Modul realisierbaren Neuronen. Effektiv wächst damit die Anzahl der benötigten Module ebenfalls überlinear mit der Netzgröße. Allgemein skaliert damit die Modulanzahl mindestens wie die am stärksten wachsende Kenngröße des Netzes.

6 Entwurf architekturoptimierter neuromorpher Systeme

Wie bereits in Kapitel 5 diskutiert wurde, haben sich die bisher implementierten Architekturen für neuromorphe ICs im Wesentlichen an technologischen Randbedingungen orientiert. Ein Ziel dieser Arbeit ist es demgegenüber, die Chip-Architektur an die Konnektivität der zu implementierenden Netzklasse anzupassen. Dabei müssen die Randbedingungen des Hardwareentwurfs und der verwendeten Schaltungskomponenten berücksichtigt werden. Gesucht ist ein Kompromiss aus theoretisch (rein von der Topologie her) günstigen Architekturen und dem dazu erforderlichen Aufwand bei der Implementierung. Ziel dieses Ansatzes ist das Erreichen einer maximalen Integrationsdichte bei gesicherter Abbildbarkeit einer vorgegebenen Netzklasse.

Dieses Kapitel stellt eine systematische Vorgehensweise für den Entwurf eines neuromorphen Systems vor, die sich an der Topologie einer Netzklasse orientiert. Dazu diskutiert Abschnitt 6.1 zunächst die wichtigsten Randbedingungen beim neuromorphen Chip-Entwurf. In den Abschnitten 6.2 und 6.3 werden schrittweise Entwurfsentscheidungen und Dimensionierungsregeln entwickelt, die zu einer fertig dimensionierten Chip-Architektur führen. Der MAPLE-Chip, dessen Systemarchitektur mit diesen Methoden erstellt wurde, wird in Abschnitt 6.4 vorgestellt. Abschnitt 6.5 zeigt schließlich einen weiteren aktuellen IC-Entwurf, der die in Kapitel 5 angesprochenen Multisynapsen verwendet (siehe auch [103]). Dazu diskutiert er die Voraussetzungen für den Einsatz von Multisynapsen und stellt die Systemarchitektur des ICs und ihre Dimensionierung vor.

6.1 Randbedingungen des Entwurfs

Im Allgemeinen sind regelmäßige Anordnungen von Schaltungskomponenten vorteilhaft für den Hardwareentwurf. Insbesondere eine Anordnung von Synapsen- oder Neuronenschaltungen als Matrix erweist sich als vorteilhaft für das Zusammensetzen, die Ansteuerung und die Verdrahtung. Die in Kapitel 5 untersuchten Beispielsysteme nutzen allesamt diesen Umstand.

Für die erreichbare Integrationsdichte ist im Allgemeinen die Größe beziehungsweise Komplexität der Synapsenschaltungen entscheidend, da diese, bis auf Spezialfälle wie zum Beispiel die Verwendung einer Multisynapse (siehe Einleitung zu Kapitel 5 und Abschnitt 6.5), mit Abstand am zahlreichsten vertreten sind. Die Zusammenschaltung der Synapsen mit den Neuronen und den Ansteuerschaltungen für die eingehenden Pulse bestimmt darüberhinaus die auf die entworfene Architektur abbildbaren Netzklassen. Aus der Systematisierung in Abschnitt 2.4 wird deutlich, dass sich Schaltungsteile, die nur von den eingehenden Pulsen abhängen (das heißt rein präsynaptisch bestimmt werden), aus der einzelnen Synapsenschaltung auslagern und in einem gemeinsamen Schaltungsblock realisieren lassen. Dadurch entfällt in den Synapsen der entsprechende Schaltungsteil. Die Implementierung einer festen Synapsenmatrix in [140] nutzt diesen Umstand. Auch wenn der vereinigte Schaltungsblock, zum Beispiel wegen höherer erforderlicher Treiberstärke der Ausgangssignale, eine größere Fläche einnimmt als der einzelne Schaltungsteil in der Synapse, lohnt sich das Auslagern häufig. In [140] treibt beispielsweise ein präsynaptischer Schaltungsteil 256 Synapsen. Die Varianten mit und ohne Auslagerung wären damit erst flächengleich, wenn der vereinigte Schaltungsblock 256 Mal mehr Fläche als ein vergleichbarer Schaltungsteil in einer Synapse einnehmen würde. Wie Abbildung 2.5 in Abschnitt 2.4 zeigt, lässt sich der gleiche Ansatz sinngemäß auch auf Schaltungsteile in der Synapse anwenden, die nur von postsynaptischen Variablen, zum Beispiel dem Membranpotential oder postsynaptischen Pulsen, abhängig sind. Zu beachten ist, dass die Mehrfachnutzung rein prä- oder postsynaptischer Schaltungen die Konfigurierbarkeit der Verbindungen beeinträchtigen kann. Das wird zum Beispiel beim Vergleich der flexiblen mit der festen Synapsenmatrixarchitektur in Kapitel 5 deutlich. Dieser Umstand ist beim Entwerfen und Dimensionieren der Chip-Architektur zu berücksichtigen und wird in den folgenden Abschnitten noch näher untersucht.

Die bisherigen Betrachtungen bezogen sich im Wesentlichen auf einzelne Neuronen- und Synapsenblöcke, die in den meisten Fällen die Grundbausteine neuromorpher Systeme darstellen. Diese Systeme werden meist mit ASICs implementiert und sind deshalb stark von den technologischen Randbedingungen bestimmt, so dass sich, insbesondere durch die Forderung nach einer regelmäßigen Anordnung, nur wenige sinnvolle Architekturvarianten ergeben. Topologische Beschränkungen sind hier besonders kritisch, da sie nach Entwurf des ASIC nicht mehr verändert und durch die globale Zusammenschaltung nicht mehr kompensiert werden können. Die Zusammenschaltung der Neuronen- und Synapsenblöcke zu einem neuromorphen System ist dagegen weniger technologieabhängig, da sie im Allgemeinen nicht mit einem ASIC, sondern durch flexibler konfigurierbare Komponenten, wie FPGAs oder Mikrocontroller, realisiert wird. Trotzdem müssen auch für diese Komponenten Anforderungen berechnet werden. Ein Ansatz dazu ist in Abschnitt 6.2 dargestellt.

Für ein fertig entworfenes System lässt sich die Abbildung eines Netzes optimieren, wie die Entwicklungen im Rahmen des FACETS-Projektes zeigen [18]. Bei der Bewertung der Abbildbarkeit eines Netzes auf eine Hardwarearchitektur muss dies mit berücksichtigt werden, wie es zum Beispiel bei den in Abschnitt 3.3.3 entwickelten Bewertungsmethoden erfolgte. Bei komplexen Hardwarearchitekturen wie zum Beispiel dem FACETS/BrainScaleS Waferscalesystem (siehe Abschnitt 5.4) ist diese Optimierung jedoch schwierig zu berücksichtigen, da eine optimale Abbildung nicht nachgewiesen beziehungsweise mit vertretbarem Rechenaufwand nur angenähert werden kann. In diesem Fall kann nur grob abgeschätzt werden, welche Verluste bei der Abbildung eines Netzes durch Beschränkungen in der Architektur zustande kommen beziehungsweise durch eine nicht optimale Abbildung verursacht werden.

Eine Optimierung der Netzabbildung ist jedoch im Allgemeinen nur bedingt dazu geeignet, Einsparungen bei der Dimensionierung eines Systems zu erzielen beziehungsweise fehlende Hardwareressourcen auszugleichen. Das zeigt schon ein Vergleich des Skalierungsverhaltens: Die Anzahl möglicher Netze mit N Neuronen beträgt allgemein 2^{N^2} und wächst damit in logarithmischer Skala mit $O(N^2)$. Die Anzahl möglicher Abbildungen von N Neu-

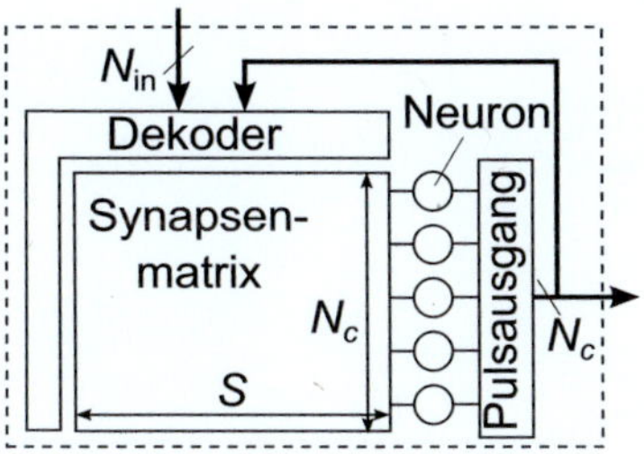

Abbildung 6.1: Allgemeine Struktur eines neuromorphen ICs mit Synapsenmatrix und Übersicht über die zu dimensionierenden Kenngrößen.

ronen eines Netzes auf N Hardwareneuronen beträgt dagegen $N!$ und steigt damit in logarithmischer Skala nur mit $O(N \cdot \log(N))$ an. Dadurch ergibt sich mit steigender Anzahl an Neuronen eine zunehmende Diskrepanz zwischen potenziell abzubildenden Netzen und Freiheitsgraden bei der Abbildung, auch wenn beide exponentiell anwachsen. Aus dieser Begrenzung bei der Abbildungsoptimierung lässt sich umgekehrt der Schluss ziehen, dass beim Entwurf der Systemarchitektur bereits darauf geachtet werden sollte, das Berechnen einer optimalen beziehungsweise ausreichend guten Abbildung zu vereinfachen. Eine korrekte Dimensionierung aller Systemkomponenten in Bezug auf die abzubildenden Netzklassen ist dazu ein wichtiger Schritt.

6.2 Aufteilung und Dimensionierung eines neuromorphen Systems

Aus der Rent-Charakteristik eines Netzmodells (siehe Abschnitt 3.2) lassen sich wichtige Kenngrößen eines darauf zugeschnittenen neuromorphen Systems berechnen. Das wird in den folgenden beiden Abschnitten für einen einzelnen Chip und einen hierarchischen Systementwurf gezeigt.

Einzelner Chip

Unabhängig von seiner Architektur lässt sich ein neuromorpher Chip durch die Anzahl der Neuronen pro Chip N_c, die Anzahl der Synapsen pro Neuron S und die Anzahl unterschiedlicher Eingänge N_{in} (das heißt den Eingangsadressraum) charakterisieren. Für eine Synapsenmatrixarchitektur sind diese Kenngrößen in Abbildung 6.1 schematisch dargestellt. Die Anzahl der Neuronen auf dem Chip, N_c, wird im Wesentlichen durch die verfügbare Chip-Fläche bestimmt. Demgegenüber ist die Anzahl der Eingänge zum Chip, N_{in}, und die Anzahl der Synapsen pro Neuron, S, vom abzubildenden Netzmodell abhängig. Die Chip-Architektur bestimmt dann, wie sich Eingänge mit Synapsen und Synapsen mit Neuronen verschalten lassen.

Abbildung 6.2 zeigt schematisch, wie die drei Kenngrößen mit der Rent-Charakteristik zusammenhängen. Die Synapsenanzahl S entspricht der Anzahl der Eingänge zu einer Par-

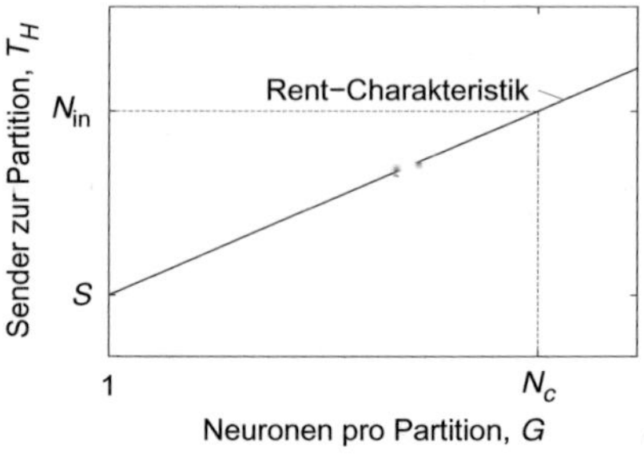

Abbildung 6.2: Zusammenhang zwischen der Rent-Charakteristik und den zu dimensionierenden Kenngrößen für die allgemeine Architektur aus Abbildung 6.1.

tition mit einem einzelnen Neuron, das heißt $S = T_H(G = 1)$. Die Anzahl der Eingänge N_{in} lässt sich aus der Rent-Charakteristik an der Stelle der Neuronenanzahl pro Chip N_c bestimmen, das heißt $N_{\text{in}} = T_H(G = N_c)$. Die Größe des Eingangsadressraums ist damit von der Anzahl der Neuronen auf dem Chip abhängig.

Zu beachten ist, dass die Rent-Charakteristik einen Mittelwert über alle Partitionen eines Netzwerks darstellt. Deshalb muss die Zahl der Synapsen S im Allgemeinen größer als $T_H(1)$ gewählt werden, um zufällige Variationen zwischen Netzrealisierungen auszugleichen.

Als weitere Kenngröße ist die mittlere Besetzungsdichte für die Synapsenmatrix berechenbar aus $S/N_{\text{in}} = T_H(1)/T_H(N_c)$. Diese spielt unter anderem bei der Dimensionierung der Matrixarchitektur ein Rolle, die in Abschnitt 6.3 vorgestellt wird.

Im Folgenden soll die Dimensionierung anhand eines Beispielsystems veranschaulicht werden. Dabei wird von einem zufällig-gleichverteilten Netzmodell mit $N = 1000$ Neuronen und Verbindungswahrscheinlichkeit $p = 0,1$ ausgegangen. Die Implementierung des Netzes soll auf zehn Chips verteilt werden, woraus sich $N_c = 100$ ergibt.

Die Rent-Charakteristik des Netzmodells ist in Abbildung 6.3 dargestellt. Die Partitionsgröße N_c liegt bereits im Sättigungsbereich der Rent-Charakteristik, da diese mit dem größtmöglichem Anstieg $r = 1$ wächst. Dadurch müssen alle möglichen Pulsquellen des Netzes als Eingänge in einen einzelnen Chip eingespeist werden, das heißt $N_{\text{in}} = T_H(N_c) = N = 1000$. Die mittlere Anzahl an Synapsen pro Neuron beträgt $T_H(1) = N \cdot p = 100$, woraus sich die erwartete Besetzungsdichte von $T_H(1)/T_H(N_c) = p = 0,1$ ergibt. Zusätzlich kann die mittlere Ausfächerung eines Eingangs als $T_H(1) \cdot N_c/N_{\text{in}} = 10$ berechnet werden. Diese gibt an, auf wie viele Synapsen sich ein Eingang im Mittel verteilt. Sie ist damit ein Anhaltspunkt dafür, wie viel Fläche sich einsparen lässt, wenn präsynaptische Schaltungsteile aus der Synapse ausgelagert und in einem gemeinsamen Schaltungsblock implementiert werden.

Dimensionierung weiterer Hierarchieebenenen

Die Untersuchungen im vorangegangenen Abschnitt und in Kapitel 5 beschränkten sich weitgehend auf einzelne ICs. Beim Entwurf großer neuromorpher Systeme wie etwa dem

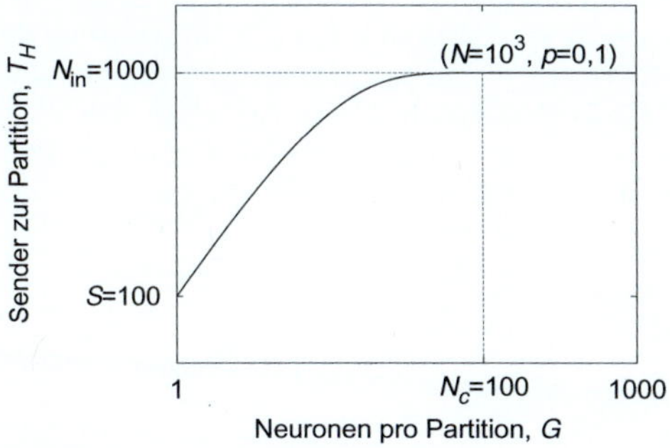

Abbildung 6.3: Rent-Charakteristik für ein zufällig-gleichverteiltes Netzmodell mit N=1000 und $p = 0,1$, und daraus bestimmte Kenngrößen für das Beispielsystem aus Abbildung 6.1.

FACETS/BrainScaleS Waferscalesystem ist jedoch auch deren Zusammenschaltung entscheidend. Wie in diesem System, können dabei eine odere mehrere Hierarchieebenen über der Chip-Ebene existieren, die ebenfalls dimensioniert werden müssen. Dabei sind insbesondere die Partitionsgrößen der Hierarchie und die Kapazität der Kommunikationskanäle zwischen den Partitionen festzulegen. Wie für den einzelnen Chip kann dazu die Rent-Charakteristik als Ausgangspunkt der Dimensionierung verwendet werden.

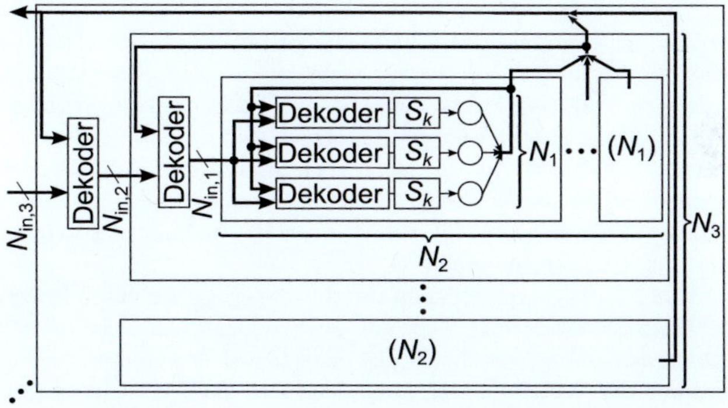

Abbildung 6.4: Allgemeines hierarchisches System.

Ein hierarchisches neuromorphes System kann direkt durch einen erweiterten Graphen modelliert werden, wie es in Abbildung 6.4 dargestellt ist. Jede Partition wählt dabei über ein P-Element (gekennzeichnet als Dekoder) ihre Eingänge aus allen möglichen Pulsquellen der darüberliegenden Hierarchieebene aus, mit Ausnahme der in ihr selbst enthaltenen Signale. Im einfachsten Fall weisen alle Partitionen einer Hierarchieebene die gleiche Anzahl an Eingängen auf, welche aus einer vorgegebenen Rent-Charakteristik bestimmt werden kann. Das so dimensionierte Modell kann dann alle Netzmodelle, die die gegebene Rent-Charakteristik nicht überschreiten, implementieren, da keine weitere Strukturierung im Modell vorausgesetzt wird. Abbildung 6.5 veranschaulicht den Zusammenhang zwischen den Partitionsgrößen und der Anzahl ihrer Eingänge über die Rent-Charakteristik. Sie stellt eine sinngemäße Erweiterung von Abbildung 6.2 dar.

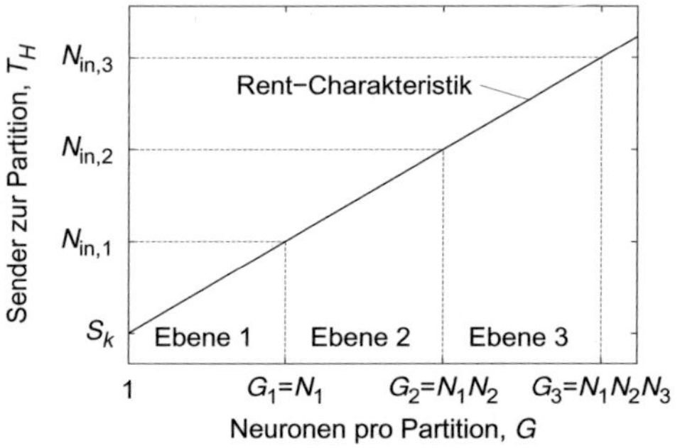

Abbildung 6.5: Zusammenhang zwischen der Rent-Charakteristik und den zu dimensionierenden Kenngrößen für die Hierarchie aus Abbildung 6.4. N_1, N_2, N_3 bezeichnen dabei die Anzahl der Untermodule auf den Hierarchieebenen 1, 2 und 3.

Die Granularität der Hierarchie, das heißt die Anzahl der Hierarchiestufen, ist sowohl nach oben als auch nach unten begrenzt: Je mehr Hierarchiestufen existieren, desto weniger Untermodule gibt es auf jeder Hierarchiestufe und desto weniger müssen Leitungen an Dekoder für Untermodule verteilt werden. Zusätzlich erlaubt eine größere Anzahl an Hierarchiestufen eine feinere Abtastung der Rent-Charakteristik und damit auch ein besseres Ausnutzen der durch sie ausgedrückten Begrenzungen bei der Signalverteilung. Eine größere Anzahl an Hierarchieebenen erzeugt jedoch auch Redundanz und damit Mehraufwand für die Konfiguration der Verbindungen.

Eine kleine Anzahl an Hierarchieebenen nutzt demgegenüber unter Umständen die Begrenzungen der Rent-Charakteristik nicht aus. Im Grenzfall von nur einer Hierarchieebene wählt jedes Neuron seine Eingänge direkt aus allen global verfügbaren Signalen aus. Dabei bleibt die Verteilung der Verbindungen, ausgedrückt in der Rent-Charakteristik, vollkommen unberücksichtigt.

Abbildung 6.6 zeigt diese Zusammenhänge für die begrenzende Rent-Charakteristik der grauen Materie des Gehirns aus Abschnitt 3.2.3. Für die zugrundeliegenden Berechnungen wurde angenommen, dass die Anzahl der Untermodule pro Hierarchiestufe konstant ist. Das Minimum des Konfigurationsspeichers liegt bei zehn Hierarchieebenen, was ungefähr acht Untermodulen auf jeder Hierarchieebene entspricht. Bei einer größeren Anzahl an Ebenen steigt der insgesamt benötigte Konfigurationsspeicher leicht an, was auf Redundanz bei der Verbindungskonfiguration zurückzuführen ist. Der anfänglich steile Abfall der

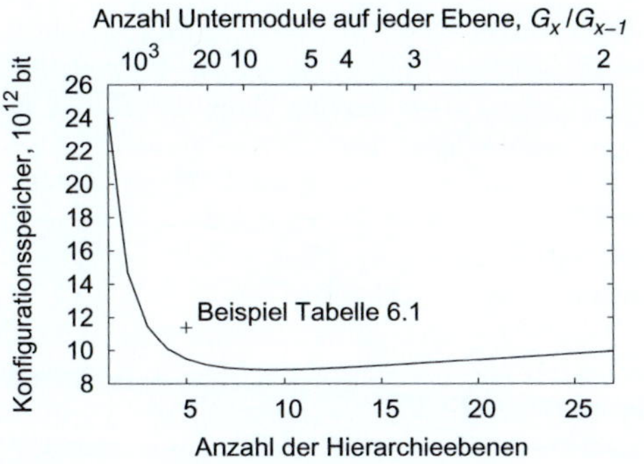

Abbildung 6.6: Insgesamt benötigter Konfigurationsspeicher für ein hierarchisches System wie in Abbildung 6.4, das mit der begrenzenden Rent-Charakteristik aus Abschnitt 3.2.3 (Abbildung 3.13) dimensioniert wurde, in Abhängigkeit von der Anzahl der Hierarchieebenen. Die Systemgröße beträgt $N = 10^8$ Neuronen.

Tabelle 6.1: Kenndaten für die Verbindungsstruktur eines fiktiven Beispielsystems, das aus der begrenzenden Rent-Charakteristik in Abschnitt 3.2.3 abgeleitet wurde

Kenngröße	Hierarchieebene				
	Chip	Gruppe/PCB	Rack	System	gesamt
Untermodule	512	64	64	48	
Neuronen	512	33 k	2,1 M	101 M	101 M
Synapsen					
-pro Untermodul	13,7 k	7,0 M	450 M	28,8 G	
-gesamt	7,0 M	450 M	28,8 G	1,38 T	1,38 T
Konfiguration (bit)					
-pro Untermodul	102 k	4,7 M	66 M	607 M	
-gesamt	52 M	304 M	4,3 G	29 G	11,4 T
externe Eingänge	878 k	14 M	142 M	984 M	984 M
-Adressbreite (bit)	20	24	28	30	
-Bandbreite (bit/s)	1,8 G	34 G	398 G	2,95 T	
Eingänge Dekoder	879 k	14,1 M	144 M	1,08 G	
-Adressbreite (bit)	20	24	28	31	
-Bandbreite (bit/s)	1,8 G	34 G	403 G	3,25 T	
Ausgänge	512	33 k	2,1 M	101 M	101 M

(Bandbreiten berechnet für eine Pulsrate von 100 Hz)

Kurve zeigt die bessere Ausnutzung der Begrenzungen der Rent-Charakteristik, wodurch auch der benötigte Konfigurationsspeicher sinkt. Für einen begrenzten Konfigurationsaufwand ist somit eine gewisse Mindestanzahl an Hierarchieebenen erforderlich. Die weitere Wahl der Hierarchieebenen ist dagegen bestimmt durch andere Randbedingungen bei der Implementierung, zum Beispiel die auf einem Chip integrierbare Anzahl an Neuronen.

Das Optimum von 10 Hierarchiestufen ist eine zu große Anzahl für einen beherrschbaren Systementwurf. Für das folgende Zahlenbeispiel wurden deshalb jeweils mehrere dieser Hierarchiestufen zusammengefasst. Der einzelne Chip als unterste Hierarchieebene vereint drei Hierarchiestufen, die darüberliegenden Ebenen werden aus jeweils zwei Hierarchiestufen gebildet. Dadurch entsteht ein hierarchisches Beispielsystem mit 5 Ebenen. Seine Kenndaten sind in Tabelle 6.1 aufgeführt. Durch das Zusammenfassen der Hierarchiestufen benötigt das System mehr Konfigurationsspeicher, wie der Vergleich in Abbildung 6.6 zeigt, ist dafür aber beim Entwurf besser handhabbar.

Die Zahlenwerte in Tabelle 6.1 sind grobe Anhaltspunkte, um die Machbarkeit eines solchen Systems abzuschätzen und kritische Kenndaten aufzudecken. Die zu realisierende Synapsenanzahl und der benötigte Konfigurationsspeicher für einen einzelnen Chip sind ambitioniert. Beide Werte sind deutlich größer als von den Systemen in Kapitel 5 bereitgestellt werden. Bei einer maximalen Chip-Fläche von $20 \times 20\,\mathrm{mm}^2$ resultiert die Synapsenanzahl in einer verfügbaren Fläche pro Synapse von ca. $50\,\mu\mathrm{m}^2$. Das ist deutlich kleiner als bestehende Synapsenschaltungen [131, 30]. Die Fläche muss allein für die Verbindungsstruktur etwa 8 bit Speicher beinhalten. Dazu kommen die eigentlichen Berechnungsschaltungen der Synapse und Speicher für Zustandsvariablen und Parameter, der in Tabelle 6.1 nicht enthalten ist. Allerdings verwenden die bestehenden Implementierungen Prozessgrößen von 180 nm oder mehr. Die aktuell verfügbaren kleineren Technologien bieten demgegenüber das Potenzial für einen deutlich kleineren Flächenverbrauch, insbesondere für Speicherzellen. Als Anhaltspunkt benötigt ein Minimaltransistor in einer 28 nm-Technologie in grober Näherung eine um Faktor $(180/28)^2 \approx 40$ geringere Fläche als in einer 180 nm-Technologie. Neben der Wahl kleinerer Technologien bietet sich auch das Verwenden von externem Speicher an, auch wenn dabei die erforderliche Zugriffsbandbreite berücksichtigt werden muss, siehe unten.

Die Bandbreiten für die Pulsübertragung liegen im Bereich bestehender Implementierungen (siehe zum Beispiel [21] für Chip- und PCB-Ebene). Zu beachten ist allerdings, dass die angegebenen Werte sowohl für die Übertragungskanäle, als auch für den Speicherzugriff benötigt werden, da jeder Puls anhand eines Speichereintrags pro Stufe an die jeweiligen Untermodule weitergeleitet werden muss. Diese beiden Bandbreiten sind in Tabelle 6.1 durch zwei Einträge (externe Eingänge und Eingänge Dekoder) aufgeschlüsselt. Wegen der hohen Werte ist zu erwarten, dass die Konfiguration auch auf höheren Hierarchieebenene auf eine Vielzahl an Speichern aufgeteilt werden muss, um einen parallelen Zugriff zu ermöglichen. Das wird zum Beispiel bei einem Vergleich mit aktuell verfügbaren Speicherschnittstellen deutlich [148], deren Bandbreite bei ungefähr 2 GByte/s liegt.

6.3 Regelmäßige Auswahlmatrix als verallgemeinerte Architektur

Sind die wichtigsten Kenngrößen eines einzelnen Chips festgelegt, wie zum Beispiel mit der im vorangegangenen Abschnitt eingeführten Methode, lässt sich seine Verbindungsarchitektur entwerfen. In Kapitel 5 wurden unterschiedliche, bereits implementierte Verbindungsarchitekturen untersucht und ihre Vor- und Nachteile herausgearbeitet. Im Folgenden

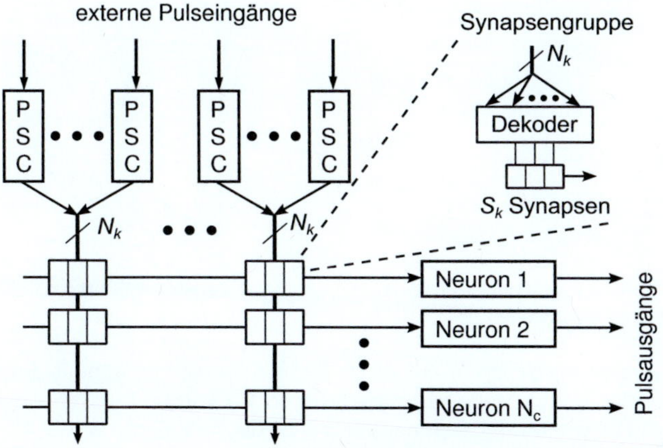

Abbildung 6.7: Prinzipdarstellung der regelmäßigen Auswahlmatrix.

soll eine verallgemeinerte Architektur eingeführt werden, die diese bestehenden Entwürfe als Spezialfälle enthält. Sie basiert auf dem erweiterten Graphen aus Abschnitt 3.3 und wird ihrer Struktur wegen als regelmäßige Auswahlmatrix bezeichnet.

Ziel der Architektur ist es, die Zuordnung von Eingängen zu Synapsen gerade so konfigurierbar zu gestalten, dass Netze einer vorgegebenen Netzklasse abgebildet werden können, der Hardwareaufwand für die Konfiguration aber minimiert wird. Um den Entwurfsaufwand klein zu halten, soll dabei eine regelmäßige Anordnung von gleichartigen Synapsenschaltungen verwendet werden.

Die Struktur der entwickelten regelmäßigen Auswahlmatrix ist in Abbildung 6.7 dargestellt. Sie folgt dem selben Prinzip wie die in Abschnitt 3.3.3 beschriebene Erzeugung von erweiterten Graphen mit gruppierten Neuronen. Wiederum ist jede Synapse fest mit einer Neuronenschaltung verbunden. Die präsynaptischen Schaltungsteile der Synapse (auch bezeichnet als Postsynaptic-Current(PSC)-Schaltungen) werden ausgelagert und außerhalb der Synapsenmatrix platziert. Diese Schaltungsteile werden zu Gruppen von N_k Stück zusammengefasst. Pro Gruppe und Neuron werden konstant S_k Synapsenschaltungen vorgesehen. Diese Synapsenschaltungen wählen ihren Eingang aus einer der PSC-Schaltungen der gleichen Gruppe aus. Insgesamt entsteht eine regelmäßige Struktur, bei der immer S_k Synapsenspalten und N_k PSC-Schaltungen einen Baublock bilden.

Als Freiheitsgrade für die Dimensionierung verbleiben dadurch für einen Baublock die Gruppengröße N_k und die Anzahl Synapsen pro Neuron und Baublock S_k. Die Anzahl der Baublöcke B wird dann so gewählt, dass die Kenngrößen für die gesamte Synapsenmatrix mindestens erreicht werden, das heißt $B \cdot N_k \geq N_{\text{in}}$ und $B \cdot S_k \geq S$ gilt.

Die in Kapitel 5 untersuchten Architekturen mit Synapsenmatrix lassen sich jeweils als eine Dimensionierung der regelmäßigen Auswahlmatrix einordnen. Die feste Matrix ergibt sich dabei mit den Parametern $N_k = 1$ und $S_k = 1$, das heißt jeder Baublock entspricht einer Synapsenspalte, die genau mit einem Eingang verbunden ist. Demgegenüber ergibt

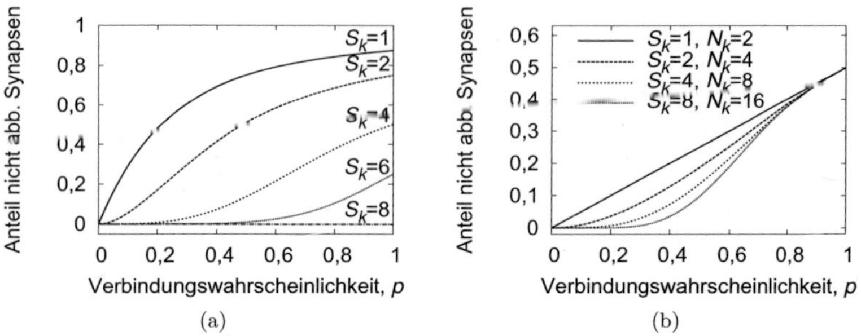

Abbildung 6.8: Erwarteter Synapsenverlust für eine Synapsengruppe in Abhängigkeit von der Verbindungswahrscheinlichkeit. (a) konstante Gruppengröße, $N_k = 8$; (b) konstante Besetzungsdichte, $S_k/N_k = \frac{1}{2}$.

sich die flexible Matrix durch Verwenden nur eines globalen Baublocks mit $N_k = N_{\text{in}}$ und $S_k = S$. Feste und flexible Matrix bilden damit die beiden Ränder des möglichen Parameterbereiches. Die Synapsen des FACETS/BrainScaleS WaferScale-Systems können jeweils aus $N_k = 16$ Eingangssignalen auswählen. Jede Synapsenzeile kann dabei auf unterschiedliche Eingänge reagieren, woraus sich $S_k = 1$ ergibt. Werden dagegen mehrere Synapsenzeilen mit den gleichen Eingängen getrieben, entstehen effektiv größere Werte für S_k.

Für die Wahl der Parameter S_k und N_k ist entscheidend, welche Abbildungsqualität sich für bestimmte Werte erreichen lässt. Wie schon beim Vergleich der Netzmodelle in Kapitel 4 wird für diese Untersuchung ein zufällig-gleichverteiltes Netz als Referenz herangezogen. Da dieses Netzmodell keinerlei Struktur aufweist, die bei der Abbildung auf die Hardware ausgenutzt werden könnte, stellt es gleichzeitig den härtesten Anwendungsfall für die Abbildungsqualität dar. Darüberhinaus verhalten sich alle möglichen Verbindungen des Netzes statistisch gleich, so dass sich für alle Baublöcke der regelmäßigen Auswahlmatrix bei gleichen Parametern auch die gleiche erwartete Abbildungsqualität ergibt. Deshalb beziehen sich die folgenden Untersuchungen stellvertretend auf einen einzelnen Baublock.

Abbildung 6.8 zeigt die erwarteten Synapsenverluste für verschiedene Dimensionierungen von N_k und S_k in Abhängigkeit von der Verbindungswahrscheinlichkeit. In Abbildung 6.8a ist die Abbildungsqualität in Abhängigkeit von der Anzahl der Synapsen pro Gruppe bei einer Gruppengröße von $N_k = 8$ dargestellt. Für eine Synapse pro Gruppe ergibt sich ein schneller Anstieg des Synapsenverlustes mit der Verbindungswahrscheinlichkeit p. Werden mehr Synapsen S_k pro Gruppe vorgesehen, gibt es unterhalb eines bestimmten Wertes für p quasi keinen Synapsenverlust. Dieser Wert ist allerdings geringer als die zugehörige Besetzungsdichte, die $p = S_k/N_k$ beträgt. Bei dieser Besetzungsdichte tritt bereits ein deutlicher Synapsenverlust auf. Bei der Dimensionierung müssen damit zusätzliche Synapsen vorgesehen und damit die effektive Besetzungsdichte erhöht werden, um die eingeschränkte Flexibilität durch die Gruppierung und die zwischen Realisierungen auftretenden zufälligen Variationen auszugleichen.

In Abbildung 6.8b wurde die Gruppengröße bei gleicher Besetzungsdichte ($S_k/N_k =$

konst.) variiert. Die Abbildungsqualität verbessert sich mit der Gruppengröße, was auf eine größere Flexibilität beim Verteilen der Synapsen zurückzuführen ist. Dieser Effekt sättigt jedoch relativ schnell. Da der Konfigurationsaufwand in den Synapsen mit der Gruppengröße steigt, ist deshalb im Allgemeinen die Wahl einer kleinen Gruppengröße sinnvoll.

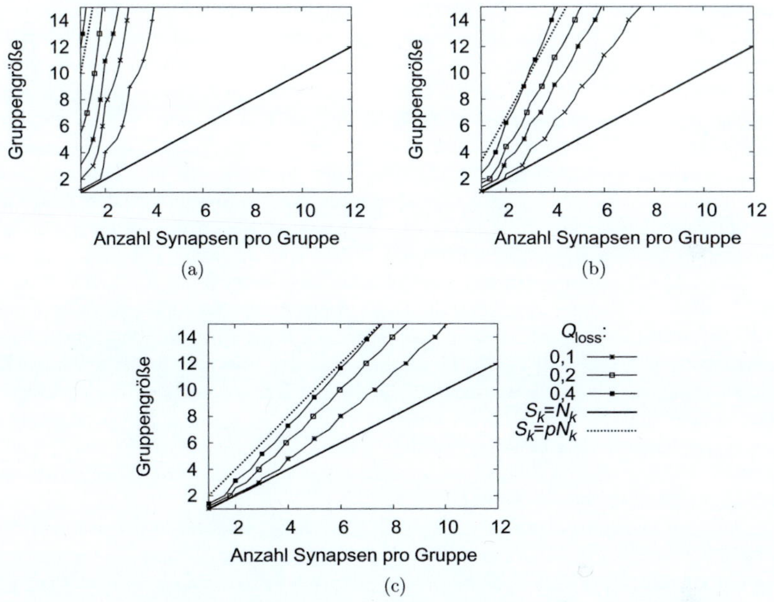

Abbildung 6.9: Erwarteter Synapsenverlust pro Synapsengruppe bei konstanter Verbindungswahrscheinlichkeit, dargestellt als Höhenliniendiagramm. (a) $p = 0,1$, (b) $p = 0,3$, (c) $p = 0,5$

Meist ist eine maximale beziehungsweise erwartete Besetzungsdichte die am ehesten bestimmbare Kenngröße für den Entwurf eines neuromorphen Systems. Für diese Besetzungsdichte muss dann die Abbildungsqualität für unterschiedliche Werte von N_k und S_k ermittelt werden, um so zu einer geeigneten Dimensionierung zu kommen. Diesem Ansatz folgend zeigen die Höhenliniendiagramme in Abbildung 6.9 den erwarteten Synapsenverlust bei unterschiedlichen, konstanten Verbindungswahrscheinlichkeiten. Als Vergleichswert ist jeweils die Dimensionierung, die der entsprechenden Verbindungswahrscheinlichkeit entspricht (das heißt $p = S_k/N_k$), als gestrichelte Linie eingezeichnet. Der Synapsenverlust auf dieser Linie wird umso höher, je kleiner die Verbindungswahrscheinlichkeit ist, wie ein Vergleich zwischen den Diagrammen in Abbildung 6.9 zeigt. Das bedeutet umgekehrt, dass mit abnehmender gegebener Verbindungswahrscheinlichkeit mehr zusätzliche Synapsen als Reserve vorgehalten werden müssen, um den Synapsenverlust klein zu halten. Der steilere

Anstieg der Höhenlinien gegenüber der Referenzlinie zeigt die steigende Flexibilität und damit bessere Abbildbarkeit bei größeren Gruppen.

Ist die maximal zu erwartende Besetzungsdichte und die angestrebte Abbildungsqualität bekannt, kann mit den Diagrammen in Abbildung 6.9 direkt eine Dimensionierung für N_k und S_k abgeleitet werden. Da diese Werte für einen fertigen Chip nicht veränderbar sind, muss zunächst immer für die größte auftretende Besetzungsdichte entworfen werden. Das bedeutet zwangsläufig eine Überdimensionierung für Netze mit geringerer Besetzungsdichte, das heißt bei niedrigerer Besetzungsdichte sinkt der Anteil der tatsächlich für eine Realisierung verwendeten Synapsen. Dies ist insbesondere dann ineffizient, wenn ein Chip Netzrealisierungen mit sehr unterschiedlichen Besetzungsdichten unterstützen soll. In diesem Zusammenhang ist die im FACETS/BrainScaleS Waferscale-System vorgesehene Möglichkeit, mehrere Neuronenbausteine zu einem Neuron mit mehr Synapsen zusammenzuschalten (siehe Abschnitt 5.4, [32]), ein möglicher Ausweg. Für den hier untersuchten Matrixbaublock mit N_k PSC-Schaltungen bedeutet das Zusammenschalten eine Vervielfachung der Synapsenanzahl S_k. Bilden zum Beispiel H Zeilen ein Neuron, beträgt die Synapsenanzahl pro PSC-Gruppe und Neuron $H \cdot S_k$. Das Zusammenschalten führt so lange zu besseren Abbildungsergebnissen, bis Vollbesetzung erreicht ist, das heißt $H \cdot S_k = N_k$ gilt. Durch dieses Vorgehen verringert sich die Anzahl der Neuronen pro Chip um den Faktor H. Wird das Zusammenschalten von Neuronen beim Entwurf vorgesehen, kann die Dimensionierung mit einer kleineren, eventuell sogar der minimal zu erwartenden Besetzungsdichte erfolgen. Eine vergleichbare Erhöhung der Synapsenanzahl S_k lässt sich auch erreichen, indem mehrere PSC-Blöcke mit den gleichen Eingängen belegt werden. Diese Variante ermöglicht es, die Besetzungsdichte für eine Untergruppe von Eingängen zu allen Neuronen zu erhöhen, während das Zusammenschalten von Neuronenzeilen die Besetzungsdichte für ein gesamtes Neuron erhöht.

Die Kombination beider Ansätze ermöglicht ein relativ flexibles, auf Untergruppen zugeschnittenes Einstellen der bereitgestellten Besetzungsdichten. Damit ist auch eine Optimierung auf strukturierte Netzmodelle möglich, die den Entwurf aber nicht explizit auf ein bestimmtes Netzmodell zuschneidet. Ein solches Zuschneiden beim Entwurf ist für viele Anwendungsfälle zu speziell, da ein neuromorpher IC meist für mehrere verschiedene Netzklassen einsetzbar sein soll. Eine allgemeiner einsetzbare Architektur, wie die regelmäßige Auswahlmatrix, die sich an verschiedene Strukturen anpassen lässt, ist im Vergleich dazu häufig im Vorteil.

Mit den bisher eingeführten Methoden lässt sich die regelmäßige Auswahlmatrix an ein bestehendes Netzmodell anpassen. Damit stellt sich die Frage, in welchen Fällen diese Anpassung Vorteile bei der Implementierung gegenüber existierenden Architekturen bringt. Um den Effekt auf den Flächenverbrauch zu untersuchen, soll wieder das Beispiel aus Abschnitt 6.2 mit $N = 1000$ Neuronen, $N_c = 100$ Neuronen pro Chip und Verbindungswahrscheinlichkeit $p = 0,1$ verwendet werden.

Zunächst müssen die verschiedenen Synapsenmatrixarchitekturen dimensioniert werden. Bei Verwenden einer festen Matrix müsste für jeden der N_{in} Eingänge eine Synapse pro Neuron vorgesehen und damit Vollvernetzung implementiert werden, das heißt $S = N_{\text{in}}$. Für eine flexible Matrix sind dagegen nur Reserven für die Anzahl der Synapsen pro Neuron einzuplanen, um zufällige Variationen zwischen Realisierungen auszugleichen. Damit könnte zum Beispiel $S = 125$ gewählt werden, woraus sich eine effektive Besetzungsdichte von $1/8$

ergibt.

Für die regelmäßige Auswahlmatrix kann die Dimensionierung anhand Abbildung 6.9a erfolgen. Für eine ausreichende Abbildungsqualität, angenommen durch $Q_{\text{loss}} < 0,05$, muss die effektive Besetzungsdichte gegenüber der Verbindungswahrscheinlichkeit deutlich erhöht werden. Als mögliche Dimensionierungen lassen sich zum Beispiel $(S_k = 2, N_k = 4)$, $(S_k = 3, N_k = 8)$ oder $(S_k = 4, N_k = 16)$ aus dem Diagramm extrahieren, woraus sich Besetzungsdichten von 1/2, 3/8 und 1/4 ergeben. Im Maximalfall (Gruppengröße $N_k = 4$) müssen damit viermal mehr Synapsen vorgesehen werden als bei einer flexiblen Matrix, insgesamt $500 \cdot 100$ statt $125 \cdot 100$. Dagegen werden nur $N = 1000$ präsynaptische Schaltungsteile benötigt, gegenüber 12500 bei einer flexiblen Matrix. Eine feste Matrix käme in diesem Vergleich auf 100000 Synapsen und ebenfalls 1000 präsynaptische Schaltungsteile.

Der Flächenvergleich ist abhängig von der relativen Größe der einzelnen Schaltungskomponenten zueinander. Allgemein berechnen sich die Gesamtflächen zu:

$$\begin{aligned} \tilde{A}_{\text{fix}} &= N_{\text{in}} \cdot N_c \cdot \tilde{A}_{\text{syn}} + N_{\text{in}} \cdot \tilde{A}_{\text{PSC}} \\ \tilde{A}_{\text{flex}} &= S_{\text{flex}} \cdot N_c \cdot (\tilde{A}_{\text{syn}} + \tilde{A}_{\text{PSC}}) \\ \tilde{A}_{\text{grp}} &= S_{\text{grp}} \cdot N_c \cdot (\tilde{A}_{\text{syn}} + \tilde{A}_{\text{konf}}) + N_{\text{in}} \cdot \tilde{A}_{\text{PSC}} \end{aligned} \tag{6.1}$$

Dabei ist $\tilde{A}_{\text{syn}}$ die Fläche einer Synapsenschaltung ohne präsynaptischen Schaltungsteil, $\tilde{A}_{\text{PSC}}$ die Fläche des präsynaptischen Schaltungsteils und $\tilde{A}_{\text{konf}}$ die zusätzliche Fläche für die Konfiguration in der Synapse der gruppierten Matrixarchitektur. Die Anzahl der Synapsen pro Neuron für die flexible Matrixarchitektur ist mit S_{flex} angegeben, die Synapsenanzahl pro Neuron für die gruppierte Matrixarchitektur beträgt S_{grp}. Für die Beispieldimensionierung ist $S_{\text{flex}} = 125$, während S_{grp} je nach Dimensionierungsvariante zwischen 500 (2 aus 4) und 250 (4 aus 16) variiert. Aus diesen Formeln lässt sich je nach den Flächenverhältnissen von präsynaptischem Schaltungsteil und zusätzlicher Synapsenkonfiguration zur eigentlichen Synapsenschaltung die jeweils flächenkleinste Architektur bestimmen.

Für die Zahlenwerte des Beispiels stellt Abbildung 6.10 die Bereiche für die relativen Schaltungsgrößen dar, in denen jeweils eine der drei Architekturen die geringste Gesamtfläche aufweist. Ist die Fläche des präsynaptischen Teils (PSC) klein gegenüber der gesamten Synapse, stellt die flexible Matrix die beste Lösung dar. Ist die PSC-Schaltung dagegen größer und der Mehraufwand durch die Konfiguration in der Synapse relativ gering, lohnt sich die regelmäßige Auswahlmatrix. Dabei ist insbesondere relevant, wie weit der Mehraufwand durch die Konfiguration bei größeren Gruppen (zum Beispiel $N_k = 16$ statt $N_k = 4$) ansteigt, da sich dadurch die Anzahl der Synapsen pro Neuron verringern lässt (im Beispiel 250 statt 500, siehe gestrichelte Linie). Hält sich der zusätzliche Flächenbedarf in Grenzen, weist die regelmäßige Auswahlmatrix in einem weiten Bereich die kleinste Fläche auf. Eine feste Matrix ist lohnenswert, wenn sowohl der präsynaptische Schaltungsteil als auch die zusätzliche Konfiguration deutlich mehr Fläche als die eigentliche Synapse benötigen. Das ist zum Beispiel der Fall bei hochintegrierten Memristorarrays als Synapsenmatrix: Hierbei ist die Ansteuerschaltung (PSC) um ein Vielfaches größer als ein einzelner Memristor (vergleiche zum Beispiel [149] mit [19]). Darüberhinaus wäre zusätzliche Konfigurierbarkeit in der Synapse nur mit deutlich höherem Flächenaufwand realisierbar, da hierfür zumindest Schalter in die Arraystruktur integriert werden müssten, die die Integrationsdichte herabsetzen würden [149].

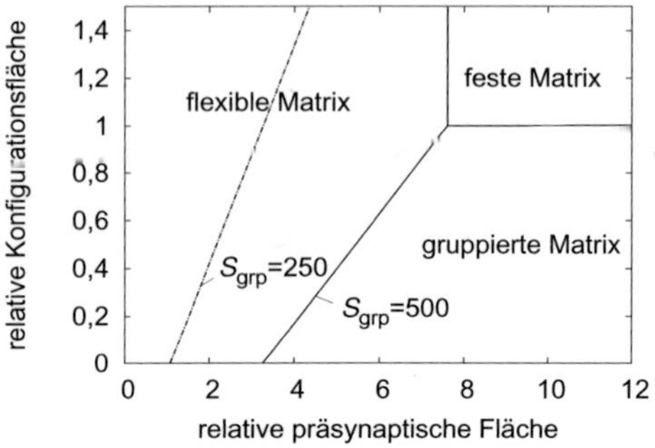

Abbildung 6.10: Matrixarchitektur mit der kleinsten Fläche in Abhängigkeit von der relativen präsynaptischen Fläche, $\tilde{A}_{PSC}/\tilde{A}_{syn}$ und dem relativen Zusatzaufwand für Konfiguration pro Synapse, $\tilde{A}_{konf}/\tilde{A}_{syn}$.

Im folgenden Abschnitt wird eine Implementierung vorgestellt, für die die regelmäßige Auswahlmatrix die flächengünstigste Architektur darstellte.

6.4 MAPLE-Chip

Im Rahmen des Coronet-Projekts wurde ein neuromorpher Chip zu synaptischem Lernen implementiert, der die regelmäßige Auswahlmatrix als Architektur verwendet [17]. Entsprechend seiner Motivation erhielt er den Namen MultiscAle PLasticity Experiment (MAPLE). Kern der Implementierung ist die LCP-Regel, wie sie in Abschnitt 2.1 eingeführt wurde. Dabei sollten rein präsynaptische Schaltungsteile aus der Synapse herausgelöst werden, um Fläche zu sparen. Diese Schaltungen umfassen die Rekonstruktion eines exponentiell abfallenden postsynaptischen Stromverlaufs (PSC) inklusive einer Anpassung der Stromamplitude anhand eines Modells für Kurzzeitplastizität [19], alles zusammengefasst in einer sogenannten PSC-Schaltung. Trotz dieser Vorgabe sollte die Chip-Architektur eine flexiblere Konfiguration der Verbindungsstruktur ermöglichen als in einer festen Matrix.

Entwurf

Um den zusätzlichen Konfigurationsaufwand in der einzelnen Synapse zu begrenzen, wurde eine regelmäßige Auswahlmatrix mit $N_k = 2$ und $S_k = 1$ gewählt, was 1 bit Konfigurationsaufwand pro Synapse bedeutet. Diese Architektur lässt sich als eine Erweiterung der festen Matrix auffassen, bei der sowohl oberhalb als auch unterhalb der Synapsenmatrix eine PSC-Schaltung pro Spalte angeordnet ist. Jede Synapse kann ihren Eingang zwischen der oberen und der unteren PSC-Schaltung ihrer Spalte umschalten.

Abbildung 6.11 zeigt die daraus entstehende Systemarchitektur des MAPLE-Chip. Gegenüber einer festen Matrix muss die Synapse um einen 1 bit-SRAM mit daran angeschlossenen Schaltern erweitert werden, was einen geringen Mehraufwand im Vergleich zur Ge-

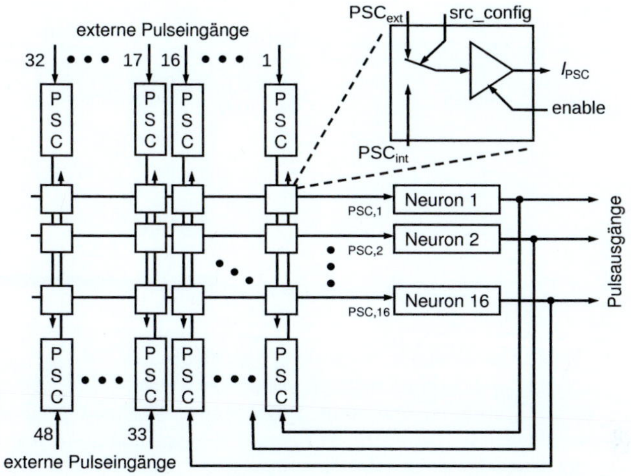

Abbildung 6.11: Verbindungsarchitektur des MAPLE-Chips

samtschaltung [12] bedeutet (siehe auch Tabelle 6.2). Darüberhinaus verdoppelt sich die Anzahl der PSC-Schaltungen. Damit verdoppelt sich aber auch die Anzahl der möglichen Eingänge, die insgesamt in die Synapsenmatrix eingespeist werden können.

Wie Abbildung 6.11 zeigt, wurden auf dem MAPLE-Chip 16 Neuronen mit jeweils 32 Synapsen implementiert. Die ersten 16 unteren PSC-Schaltungen werden direkt von den Neuronen auf dem Chip angesteuert, alle weiteren werden von außen getrieben. Zusätzlich lässt sich jedes Neuron von außen zum Pulsen bringen, wodurch Protokolle für synaptische Plastizität kontrolliert nachgestellt werden können.

Zur Verifikation der gewählten Matrixarchitektur mit 1 bit-Auswahl soll im Folgenden die Abbildungsqualität und der Flächenverbrauch mit den etablierten Architekturen der flexiblen und festen Synapsenmatrix verglichen werden. Für die Untersuchung der Abbildungsqualität dient wieder ein zufällig-gleichverteiltes Netz als Referenz. Da in diesem Netzmodell prinzipiell jedes Neuron von jedem anderen Eingänge erhält, ist die maximal sinnvolle Netzgröße gleich der Anzahl der PSC-Schaltungen auf einem MAPLE-Chip, das heißt $N = 64$. Bei größeren Netzen könnten alle Neuronen eines Chips keine Eingänge von $(N - 64)$ Neuronen des Netzwerks erhalten. Eine Netzgröße von $N = 64$ entspricht der Zusammenschaltung von vier MAPLE-Chips, wenn Eingänge zum Netz vernachlässigt werden. Durch die fehlende Stuktur im Netzmodell reicht es aus, die Analyse exemplarisch für einen Chip durchzuführen.

In Abbildung 6.12a ist der erwartete relative Synapsenverlust für die drei untersuchten Architekturen in Abhängigkeit von der Verbindungswahrscheinlichkeit dargestellt. Es wurde dabei immer von $S = 32$ Synapsen pro Neuron ausgegangen.

Für die feste Matrix ist der erwartete Synapsenverlust immer 1/2, da nur 32 der 64 Pulsquellen in die Matrix eingespeist werden können. Bei der flexiblen Matrix entsteht Syn-

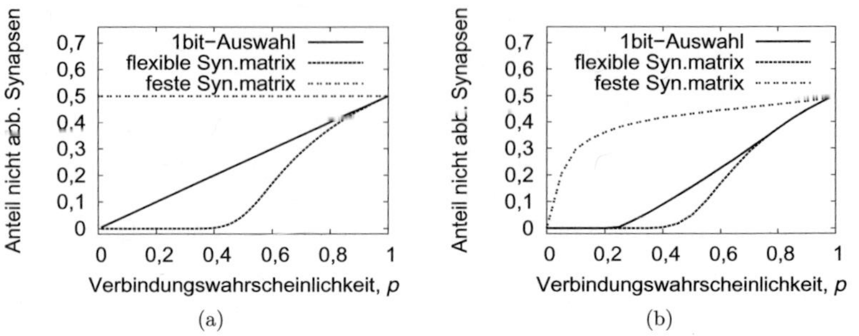

Abbildung 6.12: Synapsenverlust für ein zufällig-gleichverteiltes Netz mit $N = 64$ Neuronen auf die Verbindungsarchitektur des MAPLE und alternative Matrixarchitekturen. (a) erwarteter Synapsenverlust ohne Optimierung der Spaltenzuordnung, (b) mittlerer Synapsenverlust über 100 Realisierungen mit Optimierung der Spaltenzuordnung.

apsenverlust lediglich aus der begrenzten Anzahl von 32 Synapsen pro Neuron. Für das zufällig-gleichverteilte Netz ist diese Zahl binomialverteilt und wird bei der Abbildung auf die flexible Matrix oberhalb von 32 abgeschnitten. Die Architektur mit 1 bit-Auswahl resultiert in einem linear ansteigenden relativen Synapsenverlust: Der Erwartungswert des Synapsenverlustes pro Synapsenschaltung beträgt p^2, gleichbedeutend mit der Wahrscheinlichkeit für das gleichzeitige Auftreten von zwei Synapsen an der Synapsenschaltung. Gleichzeitig sind pro Schaltung im Mittel $2 \cdot p$ Synapsen zu erwarten. Aus dem Quotienten beider Werte ergibt sich ein relativer Synapsenverlust von $p/2$. Alle Architekturen streben einem Synapsenverlust von $1/2$ bei $p = 1$ zu, verursacht durch die mangelnde Anzahl an Synapsen bei der dann vorherrschenden Vollvernetzung.

Die obigen Erwartungswerte gelten bei direkter Abbildung einer Realisierung auf die jeweilige Architektur. Insbesondere die Spaltenzuordnung kann jedoch für jede Realisierung individuell optimiert werden, um deren Synapsenverlust zu senken. Das ist für die feste Matrix und die 1 bit-Auswahlarchitektur möglich. Für die flexible Matrix gibt es keine Optimierungsmöglichkeit, da die Anzahl der Synapsen pro Neuron bei einer Realisierung nicht veränderbar ist.

Für die feste Matrix lässt sich der Synapsenverlust minimieren, indem die 32 Eingänge in die Matrix eingespeist werden, die die meisten Synapsen mit den Neuronen auf dem aktuellen IC aufweisen.

Für die 1 bit-Auswahl kann die Spaltenzuordnung ebenfalls optimiert werden. Die Auswahl der beiden Pulsquellen, die auf eine bestimmte Synapsenspalte treiben, erfolgt dabei so, dass möglichst wenige gemeinsame Synapsen an ein Zielneuron (und damit Konflikte) auftreten. Daraus ergibt sich ein Zuordnungsproblem, für dessen Lösung effiziente Algorithmen existieren [82]. Dafür wird zunächst ein Kostenwert für jedes Paar von Spalten berechnet, der in diesem Fall der Anzahl gemeinsamer Synapsen, das heißt dem Synapsenverlust pro Spalte, entspricht. Das Finden einer optimalen gewichteten Zuordnung von

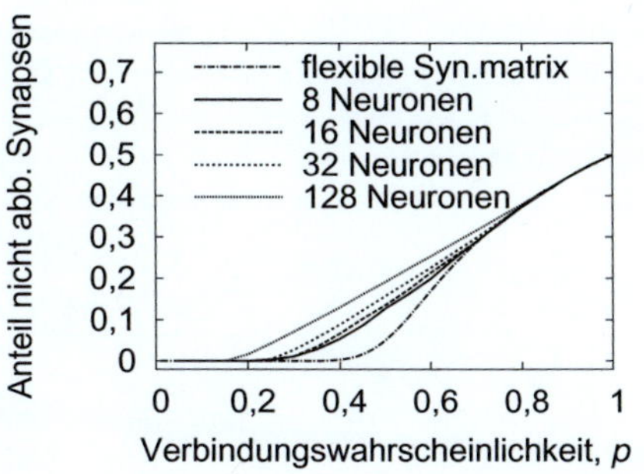

Abbildung 6.13: Erwarteter Synapsenverlust für eine Synapsengruppe in Abhängigkeit von der Verbindungswahrscheinlichkeit für optimierte Spaltenzuordnung für $N_k = 2$, $S_k = 1$ bei verschiedener Neuronenanzahl. Zum Vergleich ist die Kurve für die flexible Synapsenmatrix dargestellt.

allen Knoten zu Paaren (englisch: maximum weighted matching) erfolgt dann mit dem Algorithmus aus [150].

Abbildung 6.12b zeigt den mittleren relativen Synapsenverlust nach der Optimierung. Das Ergebnis für die feste Matrix hat sich deutlich verbessert, bleibt jedoch immer noch bei einem hohen Synapsenverlust bei allen Verbindungswahrscheinlichkeiten. Dagegen lässt die Optimierung bei der 1 bit-Auswahl den Synapsenverlust für Verbindungswahrscheinlichkeiten $p \leq 0,2$ nahezu verschwinden. Insgesamt erreicht sie dadurch fast die Abbildungsqualität der flexiblen Matrix.

Die bisherigen Untersuchungen zeigen, dass die Optimierung der Spaltenzuordnung bei einer kleinen Anzahl an Neuronen sehr effektiv ist. Bei steigender Neuronenanzahl sinkt jedoch das Potenzial für diese Optimierung, da es unwahrscheinlicher wird, disjunkte oder fast disjunkte Synapsenspalten zu finden. Dieser Effekt ist in Abbildung 6.13 dargestellt. Trotzdem ergibt sich selbst bei relativ großen Matrizen mit zum Beispiel 128 Neuronen immer noch eine deutliche Verbesserung. Die Ergebnisse der Optimierung sind vergleichbar mit denen aus Abbildung 6.8b, bei denen die Gruppengröße und damit die Flexibilität der Synapsenkonfiguration erhöht wurde. Zu beachten ist, dass sich die Spaltenzuordnung bei größeren Gruppen im Allgemeinen schlechter optimieren lässt, da die oben angeführte Abbildung auf ein einfaches Zuordnungsproblem nur für den Fall $N_k = 2$, $S_k = 1$, das heißt die 1 bit-Auswahl, möglich ist.

Wie eingangs erwähnt wurde, ist die Netzwerkgröße von $N = 64$ die maximal sinnvolle für die Implementierung auf dem MAPLE-Chip, da nicht mehr PSC-Schaltungen auf einem Chip existieren. Würden bei größeren Netzen mehr Eingänge pro Chip benötigt, ergäbe sich ein ähnliches Verhalten wie für die feste Matrix. Diese Begrenzung wird auch durch die Rent-Charakteristik der 1 bit-Auswahl in Abbildung 6.14 verdeutlicht: Bei einer Partition pro Chip (Partitionsgröße 16) ergeben sich genau $T_H = 64$ Sender zur Partition. Im Vergleich dazu weist die feste Matrix gleicher Größe nur 32 Eingänge auf, wodurch sich noch einmal die Ursache für den vergleichsweise hohen Synapsenverlust zeigt. Als

Konsequenz müsste eine feste Matrix für dieses Netzmodell auf 64 Spalten beziehungsweise Eingänge erweitert werden, was jedoch die benötigte Gesamtfläche deutlich erhöhen würde. Die Rent-Charakteristik der flexiblen Matrix ist dagegen deutlich steiler, was ihre generell deutlich erhöhte Flexibilität zeigt. Diese wird jedoch wiederum mit einem größeren Flächenverbrauch erkauft. Am Ende des Abschnitts erfolgt dazu noch eine detailliertere Untersuchung.

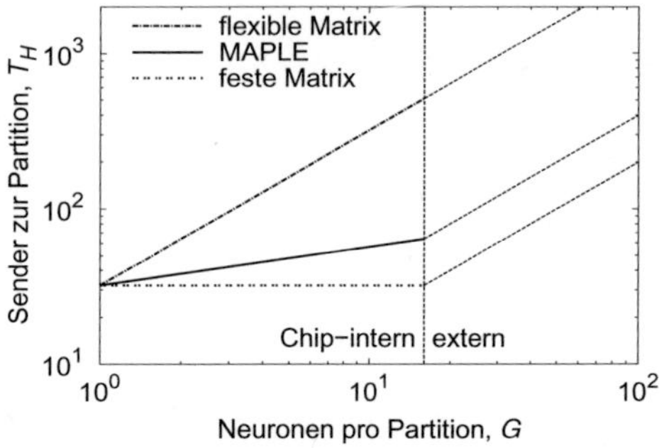

Abbildung 6.14: Rent-Charakteristik des MAPLE-Chips und alternativer Matrixarchitekturen. Zu beachten ist dabei, dass die Rent-Charakteristiken schon eine Überabschätzung darstellen, da die Selbstrückkopplung der Neuronen auf dem Chip (siehe Abbildung 6.11) vernachlässigt wurde.

Implementierung

Ziel der Implementierung des MAPLE-Chip war es, die vorgegebenen Modellgleichungen, bestehend aus LIF-Neuron, Kurzzeitplastizität und LCP-Modell für Langzeitplastizität, möglichst getreu wiederzugeben. Zudem sollte der Einfluss von Prozessvariationen auf das Neuronen- und Synapsenverhalten gering gehalten werden oder durch Kalibrationsmöglichkeiten ausgleichbar sein.

Das vorherrschende Element in den verwendeten Modellgleichungen sind Tiefpässe 1. Ordnung mit Zeitkonstanten im Millisekunden- bis Sekundenbereich, erzeugt durch RC-Glieder (vergleiche Abbildung 2.2). Diese erzeugen die typischen exponentiellen Abfälle etwa bei Synapsenstrom oder Membranpotential (siehe zum Beispiel [13], [48, 37]). Im MAPLE-Chip wurden die Widerstände in den RC-Gliedern durch rückgekoppelte Transkonduktanzverstärker (englisch: Operational Transconductance Amplifier, OTA) ersetzt, wie Abbildung 6.15a zeigt. Dadurch lassen sich pro Fläche höhere Widerstände realisieren, die zudem über den Biasstrom des OTAs einstellbar sind [19].

Die für biologische Zeitkonstanten benötigten Widerstandswerte sind jedoch selbst mit OTAs nur schwer zu erreichen: Für typische integrierbare Kapazitätswerte von wenigen pF ergeben sich Widerstände/Transkonduktanzen von 100 GΩ bis 1 TΩ. Die damit verbundenen kleinen Ströme im nA- bis pA-Bereich sind nur schwer zu kontrollieren, da hierfür Tran-

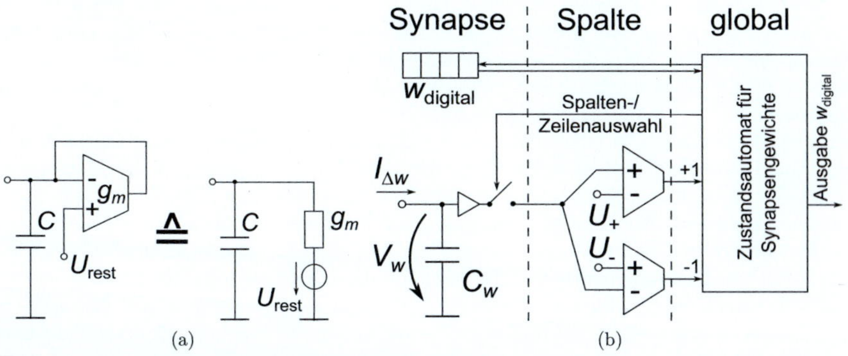

Abbildung 6.15: (a) Realisierung von RC-Gliedern durch Kondensator mit rückgekoppeltem Transkonduktanzverstärker, (b) kombiniert analog/digitale Gewichtsberechnung.

sistoren im Subthreshold-Bereich betrieben werden müssen, was zu starker Abhängigkeit von Prozessschwankungen führt [101, 151]. Deshalb wurde die Zeitbasis aller Schaltungen im MAPLE-Chip um den Faktor 10^4 beschleunigt, ähnlich wie in der Implementierung in [140]. Die resultierenden Ströme skalieren um den gleichen Faktor und sind damit deutlich besser beherrschbar.

Die Implementierung wurde auf eine Synapsenschaltung mit möglichst kleiner Fläche hin optimiert, da dieser Schaltungsteil am häufigsten vorkommt. Hauptteil dieser Schaltung ist die Realisierung der LCP-Lernregel [12]. Hierbei wurde ausgenutzt, dass die benötigten Zeitverläufe extern erzeugt werden können und in der Synapse nur verrechnet und integriert werden müssen (vergleiche Abschnitt 2.1). Die berechneten Änderungen des Synapsengewichtes werden auf einer Kapazität gespeichert, die sich durch Leckströme mit der Zeit entlädt. Um das Synapsengewicht dauerhaft zu speichern, wurde deshalb auf ein Prinzip ähnlich dem in [32] beschriebenen zurückgegriffen: Außer der flüchtigen Gewichtskapazität enthält jede Synapse im MAPLE-Chip einen digitalen Gewichtsspeicher mit 4 bit Auflösung. Dieser wird inkrementiert oder dekrementiert, wenn die Spannung auf der Gewichtskapazität eine obere beziehungsweise untere Schwelle erreicht. Die dazu implementierten Baublöcke sind in Abbildung 6.15b dargestellt. Eine zentrale Steuerlogik fährt periodisch jede Synapse der Matrix an. Die Spannung auf der Gewichtskapazität der gerade aktivierten Synapse wird über zwei Komparatoren an der entsprechenden Synapsenspalte mit der oberen und unteren Schwelle verglichen und das Ergebnis an die Steuerlogik weitergegeben. Das Vergleichen pro Spalte ergibt dabei einen günstigen Kompromiss aus Flächenbedarf für die Komparatoren und benötigter Treiberstärke in der Synapsenschaltung. In der Steuerlogik wird das zuvor ausgelesene digitale Synapsengewicht bei Erreichen der Schwellen modifiziert und in die Synapse zurückgeschrieben. Gleichzeitig wird es zur Beobachtung des Gewichtsverlaufes über Pins aus dem Chip ausgegeben. Das digitale Synapsengewicht ist allein bestimmend für die Wirkung der Synapse auf das Neuron, während die Spannung auf der Gewichtskapazität hierfür nicht herangezogen wird. Dazu wird ein eingehender Strom von der zugeschalteten PSC-Schaltung über einen binär gewichteten Stromspiegel skaliert, dessen einzelne Zweige über die Bits des digitalen Gewichtsspeichers an- oder abgeschaltet werden. Der resultierende Gesamtstrom erreicht dann über eine analoge Sammelleitung die Neuronenschaltung.

Die Schnittstelle des MAPLE-Chip nach außen stellt einen Kompromiss zwischen minimaler Leitungsanzahl und einfacher, zuverlässiger Implementierung dar. Die Konfiguration aller Komponenten erfolgt über das Joint-Test-Action-Group(JTAG)-Protokoll. Dieses standardisierte Protokoll benötigt lediglich vier Pins und ist trotz seiner relativ geringen Bandbreite vollkommen ausreichend für die Konfiguration des MAPLE-Chip. Demgegenüber wurde für die Pulsein- und -ausgabe ein paralleles Interface gewählt, um die erforderlichen Bandbreiten für die Pulskommunikation bereitzustellen. Die Pulseingabe besteht aus sechs Adressleitungen und einer Steuerleitung, die die Ankunft eines Pulses zum aktuellen Takt meldet. Mit einer nominellen Taktfrequenz von 50 MHz ergibt sich damit unter Berücksichtigung des Beschleunigungsfaktors von 10^4 eine äquivalente biologische Pulsfrequenz von ca. 100 Hz für jeden der 48 Eingänge. Der Pulsausgang arbeitet mit vier Datenleitungen und einer Steuerleitung. Die 16 Neuronen werden zyklisch abgetastet und ein aufgetretener Puls jeweils mit Zeitmarke über den Ausgang gemeldet. Dadurch ist eine taktgenaue Rekonstruktion der Pulszeitpunkte der Neuronen möglich. Eine weitergehende Beschreibung dieses Protokolls ist in [152] und [28] zu finden.

Zum Ausgleichen von Prozessvariationen ist es notwendig, Biasströme und -spannungen in den PSC-Schaltungen und Neuronen individuell einstellbar zu machen. Um dennoch die Anzahl der analogen Eingänge gering zu halten, werden alle Biasströme aus einer einzelnen externen Referenz abgeleitet. Das geschieht durch eine zweistufige Hierarchie, bestehend aus einer globalen Strombank und einstellbaren Stromspiegeln in den einzelnen PSC-Schaltungen und Neuronen. Beiden Stufen haben durchgehend eine Auflösung von jeweils 4 bit. Einstellbare Spannungen mit geringer Stromlast werden aus einem Digital-Analog(DA)-Wandler abgeleitet. Das betrifft insbesondere die Werte für Θ_u der LCP-Regel, vergleiche Abschnitt 2.1. Der DA-Wandler wurde in Flash-Architektur mit 8 bit Auflösung implementiert. Eine ausführliche Beschreibung der Biasgenerierung findet sich ebenfalls in [152].

Der MAPLE-Chip wurde in einer UMC 180 nm-Technologie implementiert und nimmt insgesamt eine Fläche von $1,5\,\text{mm} \times 3\,\text{mm}$ ein. Abbildung 6.16 zeigt das fertige Layout des MAPLE-Chip. Alle analogen Schaltungsteile wurden in einem zentralen Makroblock platziert, um den herum sich die synthetisierten Digitalzellen befinden. Deutlich zu erkennen ist die Matrixstruktur aus Synapsenschaltungen und angelagerten PSC- und Neuronenschaltungen. Der DA-Wandler nimmt einen signifikanten Teil der Fläche ein, ist aber dennoch deutlich flächeneffizienter als das Heranführen der Biasspannungen über externe Pins. Die globale Strombank (Bias), eine Auswahlmatrix für analoge Testein- und ausgänge, sowie ein Testfeld zur Charakterisierung von Einzeltransistoren wurden in die noch unbesetzten Ecken des Makroblocks platziert. Auf der Chip-Fläche wurde noch ein Testfeld für die Prozessierung von BiFeO3-Memristoren [7, 24] untergebracht, das vollständig von den restlichen Baublöcken getrennt ist.

In Abbildung 6.17 ist eine Fotografie des gefertigten MAPLE-Chip dargestellt. Auf ihr sind die Synapsenmatrix und der DA-Wandler deutlich zu erkennen, da ihre oberen Metall-

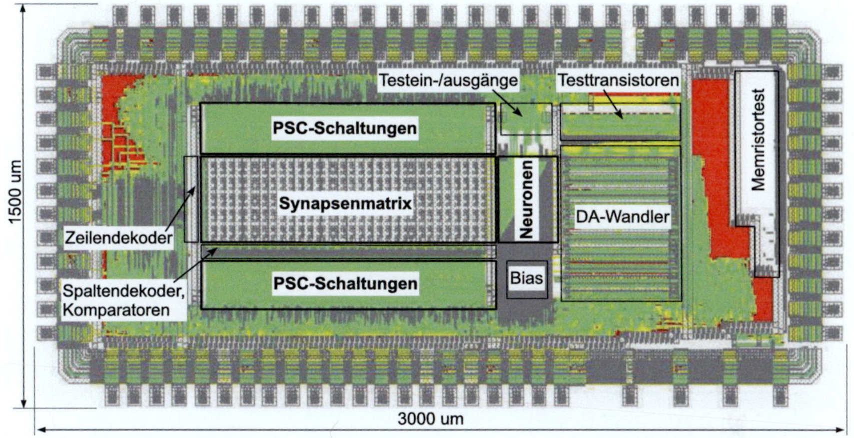

Abbildung 6.16: Layout des MAPLE-Chip. Die analogen Baublöcke sind gekennzeichnet, der Rest der Fläche ist mit synthetisierten Digitalzellen und Stromversorgungsleitungen gefüllt.

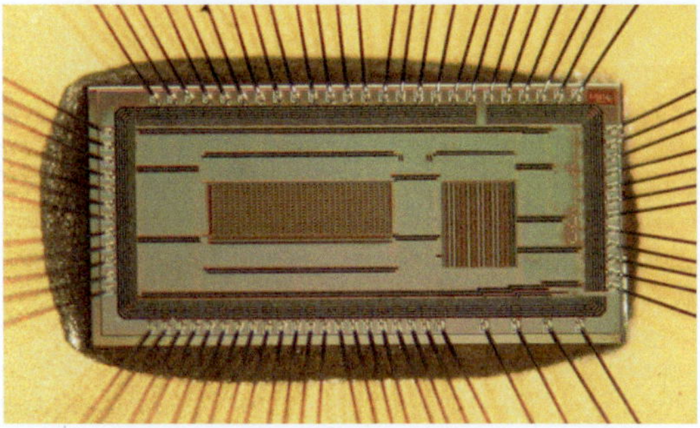

Abbildung 6.17: Fotografie des gefertigten MAPLE-Chip.

ebenen von Hand entworfen und nicht automatisch gefüllt wurden. Zusätzlich sind einige Stromversorgungsleitungen als dunkle Striche zu sehen.

Der MAPLE-Chip wurde erfolgreich in Betrieb genommen und getestet; die vorgesehenen Plastizitätsexperimente mit der LCP-Lernregel konnten wie geplant in Hardware nachgestellt werden [28].

Auswertung der Implementierung

Aus dem Layout des MAPLE-Chip lassen sich die Flächen der einzelnen Komponenten PSC-Schaltung, Synapsenschaltung und Konfigurationsfläche in der Synapse bestimmen.

Tabelle 6.2: Aus dem Layout des MAPLE-Chip geschätzter Flächenbedarf für verschiedene Architekturen der Synapsenmatrix. Die erste Zeile fasst die Flächen der betrachteten Einzelkomponenten zusammen. Für jede Architektur ist die von einer Schaltungskomponente insgesamt benötigte Fläche und der Flächenbedarf der gesamten Matrix angegeben, wobei immer von einer Neuronenanzahl von 16 ausgegangen wurde. Zum überschlagsmäßigen Verändern der Matrixgröße ist zusätzlich die Gesamtfläche einer Synapsenspalte inklusive aller mit ihr verbundenen PSC-Schaltungen angegeben.

	Synapse	Synapse mit select	PSC	Spalte	gesamte Matrix
Einzelkomponenten	660	750	6900		
feste Matrix, 32 Spalten	$32 \times 16 \times 660 = 3,4 \cdot 10^5$		$32 \times 6900 = 2,2 \cdot 10^5$	$1,7 \cdot 10^4$	$5,6 \cdot 10^5$
feste Matrix, 64 Spalten	$64 \times 16 \times 660 = 6,8 \cdot 10^5$		$64 \times 6900 = 4,4 \cdot 10^5$	$1,7 \cdot 10^4$	$1,12 \cdot 10^6$
MAPLE-Chip (1 bit-Auswahl)		$32 \times 16 \times 750 = 3,8 \cdot 10^5$	$64 \times 6900 = 4,4 \cdot 10^5$	$2,6 \cdot 10^4$	$8,3 \cdot 10^5$
flexible Matrix	$32 \times 16 \times 660 = 3,4 \cdot 10^5$		$32 \times 16 \times 6900 = 3,5 \cdot 10^6$	$1,2 \cdot 10^5$	$3,87 \cdot 10^6$

(alle Angaben in μm^2)

Daraus kann der Flächenverbrauch für hypothetische Implementierungen mit alternativen Matrixarchitekturen abgeschätzt werden. Wie in Abschnitt 6.3 sollen dazu die feste und die flexible Synapsenmatrix herangezogen werden.

Diese beiden Matrixarchitekturen sind in Tabelle 6.2 bezüglich ihres Flächenverbrauches der 1 bit-Auswahlarchitektur des MAPLE-Chip gegenübergestellt. Im Vergleich zu einer flexiblen Synapsenmatrix gleicher Größe nimmt die 1 bit-Auswahlarchitektur inklusive PSC-Schaltungen nur knapp 1/4 der Fläche ein. An diesem Flächenvorteil ändert sich wenig, selbst wenn man berücksichtigt, dass die PSC-Schaltungen in einer flexiblen Matrix kleiner werden, da ihre Ausgänge jeweils nur noch eine Synapse treiben müssen. Die deutlich erhöhte Flexibilität der 1 bit-Auswahl gegenüber einer festen Matrix gleicher Größe resultiert in knapp 50 % Mehraufwand an Fläche. Umgekehrt ließe sich durch Vergrößern der festen Matrix auf 64 Synapsen pro Neuron die eingeschränkte Konfigurierbarkeit ausgleichen. Da in diesem Fall genügend Synapsen für eine Vollvernetzung von 64 Neuronen zur Verfügung ständen, träte im Beispiel aus Abbildung 6.12 kein Synapsenverlust auf. Resultat wäre jedoch eine um ca. 1/3 größere Implementierung als die des MAPLE-Chip.

Für den MAPLE-Chip vereint damit die 1 bit-Auswahl die Vorteile von fester und flexibler Matrixarchitektur: Sie erreicht eine deutlich höhere Integrationsdichte durch Mehrfachnutzung der PSC-Schaltungen bei nur unwesentlich schlechterer Abbildungsqualität.

Dieser Flächenvorteil gilt auch für das größere Zahlenbeispiel aus Abschnitt 6.3, wie Abbildung 6.18 zeigt. Für die Schaltungskomponenten des MAPLE-Chip ist die PSC-Schaltung ungefähr zehn Mal so groß wie eine einzelne Synapse ohne Konfiguration. Der Mehraufwand für die 1 bit-Konfiguration in der Synapse beträgt dagegen nur circa 15 %. Damit liegen die Flächenverhältnisse deutlich in dem Bereich, in dem die neu entwickelte

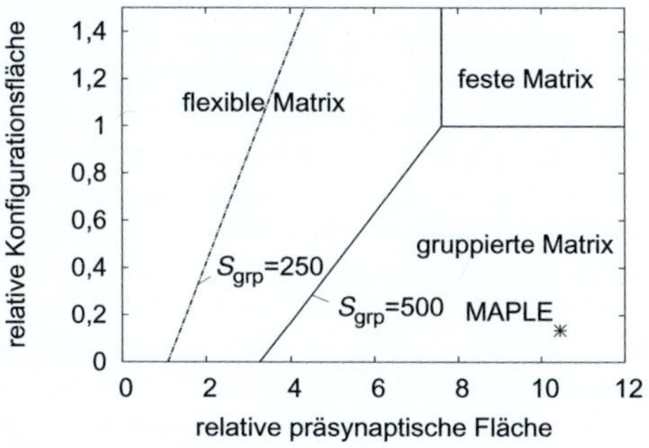

Abbildung 6.18: Flächenverhältnisse der MAPLE-Implementierung eingesetzt in Abbildung 6.10.

gruppierte Matrix die geringste Gesamtfläche aufweist. Bei diesem Ergebnis ist zu beachten, dass das Zahlenbeispiel von einer Gruppengröße von 4 bis 16 ausgeht, die Architektur des MAPLE-Chip aber lediglich Gruppengröße 2 aufweist. Damit wäre in einer Implementierung des Zahlenbeispiels eine aufwändigere Dekodierung des selektierten Eingangs nötig, verbunden mit einem höheren Flächenbedarf. Es ist aber zu erwarten, dass wie im MAPLE-Chip dieser Mehrbedarf gering gegenüber der Gesamtfläche ausfällt, da nur 1 bis 3 bit mehr Speicher und zusätzliche Schalter benötigt werden.

6.5 Architektur mit Multisynapsen

Die bisherigen Untersuchungen in Kapitel 5 und in diesem Kapitel bezogen sich auf Architekturen, bei denen jede Synapse eines Netzwerks auf eine eigene Synapsenschaltung abgebildet wird. Wie Abbildung 2.5 in Kapitel 2 zeigt, erfordert nur der kombinierte prä/post-Teil der Verarbeitungskette eine individuelle Synapsenschaltung, da nur hier präsynaptische und postsynaptische Signale gleichzeitig verarbeitet werden. Dieser Teil ist im Wesentlichen für die Realisierung der Langzeitplastizität erforderlich. Wird diese in einem System nicht benötigt, kann der prä/post-Teil weggelassen und die Chip-Architektur vereinfacht werden.

Eine solche Architektur wurde ebenfalls im Rahmen des Coronet-Projektes entwickelt. Dessen Ziel ist es, ein neuromorphes System an Neuronenkulturen anzubinden. Das auf dem neuromorphen System realisierte neuronale Netz soll dabei möglichst ähnliches dynamisches Verhalten wie die Neuronenkulturen zeigen. Dafür wird insbesondere ein Mechanismus der Kurzzeitplastizität [48] benötigt, der den Einfluss von häufig stimulierten Synapsen auf das Membranpotential herabsetzt. Demgegenüber ist Langzeitplastizität von geringerer Bedeutung und wurde in den Entwurf des neuromorphen Systems nicht integriert.

Ohne Langzeitplastizität erfolgt in der einzelnen Synapse lediglich eine Wichtung des Eingangssignals mit dem Synapsengewicht, wie zum Beispiel die Implementierung des MAPLE-Chip zeigt [28]. Einfache, häufig verwendete Modelle für synaptische Übertragung erlauben es unter bestimmten Voraussetzungen, die Wellenformen mehrerer Synapsen linear zu überlagern. Das macht es möglich, anstatt die Ausgänge mehrerer Synapsen zu addieren, die Summation bereits über eine gewichtete Eingangspulsfolge durchzuführen und anschließend die Erzeugung der Ausgangswellenform nur einmal vorzunehmen. Das ist zum Beispiel der Fall für strombasierte Synapsen mit einem exponentiell abfallenden Stromverlauf, das heißt einer Filterung der Eingangspulsfolge durch einen Tiefpass 1. Ordnung. Ist die Zeitkonstante des Tiefpasses für alle zu kombinierenden Synapsen gleich, lässt sich die Pulsfolge bereits vor der Tiefpassfilterung summieren, wodurch der Tiefpass nur einmal ausgeführt werden muss. Gleiches gilt für die im Coronet-Projekt verwendeten konduktanzbasierten Synapsen (siehe Abbildung 2.2a und [40]). Ihr Konduktanzverlauf ist ebenfalls durch einen oder mehrere Tiefpässe 1. Ordnung beschreibbar, wodurch sich Synapsen mit gleicher Konduktanz-Zeitkonstante und gleichem Umkehrpotential auf die selbe Art zusammenfassen lassen. Effektiv werden so die Zustandsvariablen mehrerer Synapsen, das heißt ihr aktueller Strom- oder Konduktanzwert, zu einer Zustandsvariable zusammengefasst. Bedingung für diese Summation ist, dass der Strom beziehungsweise die Konduktanz einer einzelnen Synapse keine Sättigung erfährt, da dieser Effekt nach der Zusammenfassung mit anderen Synapsen nicht mehr rekonstruiert werden kann.

Für alle Synapsen, die sich derart kombinieren lassen, muss pro Neuron nur noch eine Synapsenschaltung implementiert werden. Diese wird dann als Multisynapse bezeichnet [103]. In der Folge wird das Synapsengewicht extern gespeichert, mit eingehenden Puls übertragen und von der Multisynapse verarbeitet. Es ist auch möglich, die Gewichte beziehungsweise Zustände der einzelnen Synapsen auf dem Chip zu speichern und nur die Berechnungsschaltung gemeinsam auszuführen, welche dann im Zeitmultiplex arbeitet [153]. Allerdings erfordert das enormen zusätzlichen Speicherplatz, der die Vorteile der Multisynapse deutlich verringert, und letztlich eine verdeckte Synapsenmatrix-Architektur darstellt. Er soll deshalb im Weiteren nicht betrachtet werden.

Im MAPLE-Chip und in anderen neuromorphen Systemen (zum Beispiel [131]) werden die Berechnungen zur Kurzzeitplastizität über die Eingänge des Chips durchgeführt. Eine solche Anordnung behindert die Architekturoptimierung für Multisynapsen. Es müsste dann eine Zuordnung zwischen den Ausgängen der Kurzzeitplastizität und den Multisynapsen realisiert werden, die effektiv wieder einer Synapsenmatrix entsprechen würde. Als Alternative besteht die Möglichkeit, die Berechnung der Kurzzeitplastizität am Ausgang des Neurons vorzunehmen und das digitale Ergebnis (im Folgenden Short-Term-Plasticity(STP)-Wert genannt) mit dem Ausgangspuls zu übertragen. Dadurch kann der STP-Wert über das externe Routing an die empfangende Multisynapse übertragen und dort verarbeitet werden, ohne dass eine zusätzliche Zuordnung von STP-Wert zu Multisynapse auf dem Chip gespeichert und dekodiert werden muss. Darüberhinaus muss die Kurzzeitplastizität prinzipiell nur einmal pro Neuron im System berechnet werden, und nicht einmal pro empfangendem Chip wie in den bisherigen Systemen. Das senkt die Anzahl derartiger Schaltungen im Gesamtsystem. Demgegenüber erhöht die Übertragung des STP-Werts mit jedem Puls die erforderliche Eingangs- und Ausgangsbandbreite des Chips.

Aus diesen Überlegungen heraus wurde die Architektur des Coronet-Echtzeit-ICs entwickelt. Sie ist in Abbildung 6.19 dargestellt. Die Architektur unterscheidet sich von Synapsenmatrixarchitekturen besonders durch die lediglich fünf (Multi-)Synapsenschaltungen pro Neuron, die jeweils einen Synapsentyp repräsentieren. Die gewählten Bezeichnungen für

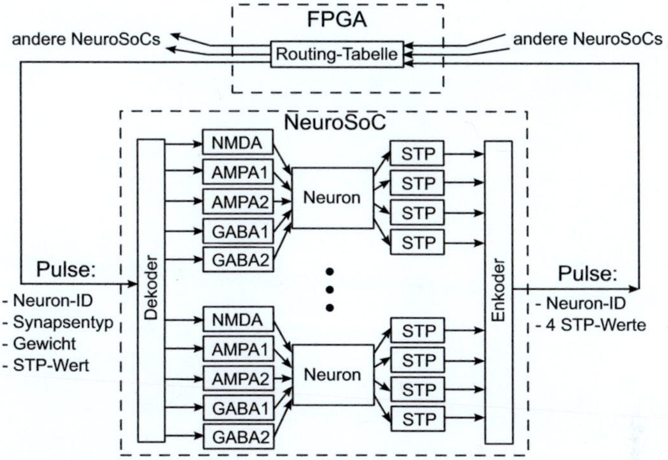

Abbildung 6.19: Architektur des Coronet-Echtzeit-ICs mit Multisynapsen und Kurzzeitplastizität.

die Synapsen (NMDA, AMPA und GABA) wurden nach den zu implementierenden Modellen aus [40] gewählt; die Synapsenschaltungen sind aber, bis auf eine zusätzliche Spannungsabhängigkeit für NMDA-Synapsen, identisch. Ein Dekoder leitet eingehende Pulse mit Synapsengewicht und STP-Wert an die addressierte Multisynapse, wo sie verarbeitet werden. Die Multisynapse ist als zeitlich veränderliche Konduktanz an die Membran des Neurons angeschlossen. Ausgangspulse des Neurons werden an vier Schaltungen für Kurzzeitplastizität mit unterschiedlich einstellbaren Parametern weitergeleitet. Durch diese Vervielfachung lassen sich unterschiedliche Typen an Kurzzeitplastizität, zum Beispiel für verschiedene Populationen eines Netzwerks, realisieren. Nach Ende der STP-Berechnung gibt der IC die Neuronenadresse und die vier STP-Werte über einen Enkoder aus.

Anders als bei Synapsenmatrixarchitekturen erfolgen bei dieser Architektur keine Einstellungen zur Netzwerktopologie auf dem IC. Es wird ausschließlich das Neuronen- und Synapsenverhalten implementiert. Alle Verbindungen zwischen Neuronen werden extern über eine angeschlossene FPGA realisiert. Damit entstehen Einschränkungen für die Verbindungstopologie durch den IC im Wesentlichen durch die Eingangsbandbreite. Dies bildet einen grundsätzlichen Unterschied zu den bisher untersuchten Architekturen in diesem Kapitel und in Kapitel 5. Durch die begrenzte Bandbreite sind Einschränkungen der Verbindungstopologie abhängig vom Netzwerkverhalten, insbesondere von den maximalen Pulsraten. Demgegenüber gibt es keine absoluten Beschränkungen an realisierbare Verbindungen, zum Beispiel durch eine begrenzte Anzahl von Synapsen pro Neuron. Dadurch muss die Chip-Architektur nicht explizit auf eine gegebene Netztopologie hin optimiert werden. Lediglich eine Abschätzung über die Anzahl der Verbindungen pro Neuron ist für die Dimensionierung der Eingangsbandbreite notwendig. Diese wird im Folgenden für ein Zahlenbeispiel analog zu Abschnitt 6.2 abgeleitet.

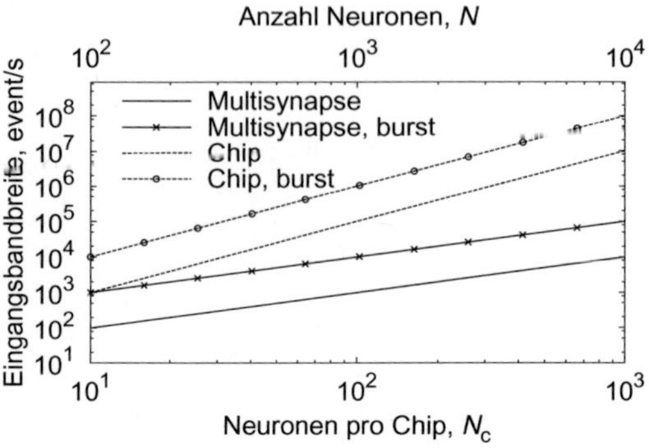

Abbildung 6.20: Abschätzung der Bandbreiten für unterschiedliche Anzahl an Neuronen pro Chip.

Durch die Architektur mit Multisynapsen wird für jede einzelne synaptische Verbindung ein separates Pulspaket an den IC übertragen. Das heißt, die Vervielfachung eines Pulses auf mehrere Synapsen geschieht bereits extern, nicht erst auf dem Chip. Damit wird die Komplexität auf dem Chip auf Kosten der benötigten Eingangsbandbreite reduziert. Unter Annahme einer festen mittleren Pulsrate pro Neuron ist dann der mittlere Eingangsgrad der Neuronen bestimmend für die Eingangsbandbreite B_{in}. Für ein zufällig-gleichverteiltes Netz mit Verbindungswahrscheinlichkeit p, oder einem Netzwerk mit entsprechender mittlerer Verbindungsdichte, ergibt sich

$$B_{\text{in}} = \overline{d}_{\text{in}} \cdot N_c = N \cdot p \cdot N_c \;, \tag{6.2}$$

wobei $\overline{d}_{\text{in}}$ den mittleren Eingangsgrad, N_c die Anzahl der Neuronen pro Chip und N die Anzahl der Neuronen im gesamten Netzwerk angibt.

Dem Beispiel aus Abschnitt 6.2 entsprechend wurde ein zufällig-gleichverteiltes Netz mit $p = 0,1$ auf 10 ICs verteilt. Für die mittlere Pulsrate wurde 10 Hz angenommen. Die Netzgröße wurde über die Anzahl der Neuronen pro Chip variiert, welche von der erreichbaren Integrationsdichte des Systems abhängt.

Abbildung 6.20 zeigt die resultierenden Eingangsbandbreiten. Für das gewählte zufällig-gleichverteilte Netzmodell ist die Anzahl der Eingänge pro Neuron proportional zur Netzgröße. Dadurch steigt die Eingangsbandbreite pro Multisynapse linear. Da die Anzahl der Neuronen pro Chip im gleichen Maße wächst und alle Multisynapsen separat angesteuert werden, steigt die Eingangsbandbreite für den gesamten Chip quadratisch an.

Die Rechnung über eine mittlere Pulsrate vernachlässigt, dass bei synchroner Aktivität im Netzwerk kurzzeitig deutlich mehr Pulse pro Zeit als im Mittel auftreten und übertragen werden müssen. Dies kann durch Verwenden einer momentanen Maximal-Pulsrate berücksichtigt werden. Sendet zum Beispiel bei einem Populationspuls innerhalb eines Zeitfensters von 10 ms jedes Neuron einen Puls aus, ergibt sich eine erhöhte Rate von 1/10 ms=100 Hz. Die daraus resultierenden Eingangsbandbreiten sind ebenfalls in Abbildung 6.20 dargestellt.

Für die Berechnungen wurden biologisch realistische Pulsraten angenommen. Es fällt auf, dass die erforderlichen Bandbreiten trotzdem hohe Werte bis 100 Mevent/s erreichen, die vergleichbar sind mit Anforderungen an Schnittstellen für ICs in beschleunigten Systemen, wie dem FACETS/BrainScaleS Waferscale-System [22]. Grund dafür ist die Ausfächerung der synaptischen Verbindungen. Im Beispiel aus Abbildung 6.20 wird ein einzelner Puls eines sendenden Neurons bis zu 10^3 Mal an verschiedene Synapsen eines Ziel-ICs übertragen. Das gleicht den Beschleunigungsfaktor des FACETS/BrainScaleS Waferscale-Systems von 10^4 fast vollständig aus.

Die Implementierung des Coronet-Echtzeit-Chips erfolgt in der gleichen UMC 180 nm-Technologie wie der MAPLE-Chip. Die Konfiguration aller Komponenten erfolgt wieder komplett über JTAG. Zur Sicherung einer hohen Eingangsbandbreite wurde eine parallele Schnittstelle zur Pulseingabe vorgesehen, die ein Pulspaket pro Takt verarbeitet. Bei einer nominellen Taktfrequenz von 50 MHz entspricht das einer Eingangsbandbreite von 50 MEvent/s. Da die benötigte Bandbreite bei der Pulsausgabe mangels Ausfächerung deutlich niedriger ist ($<$ 100 kEvent/s), wurde hierfür eine serielle Datenübertragung gewählt.

Für die bessere Handhabbarkeit des Entwurfs wurden die Schaltungsteile zu zehn Gruppen mit je 32 Neuronen zusammengefasst, wodurch insgesamt 320 Neuronen pro Chip realisiert werden. Die Neuronen einer Gruppe mit ihren Multisynapsen teilen sich den gleichen Parametersatz. Damit wird der Speicheraufwand für Konfigurationsregister auf ein vertretbares Maß begrenzt. Zusätzlich vereinfacht sich dadurch die Implementierung und die Verifikation, da die Gruppen identisch sind und weitgehend unabhängig voneinander arbeiten. Deshalb kann sich die Verifikation auf die korrekte Funktion einer Gruppe konzentrieren, was die Übersichtlichkeit erhöht und Simulationszeiten verkleinert.

Die Dimensionierung der Architektur mit Multisynapsen ist im Vergleich zur regelmäßigen Auswahlmatrix mit wesentlich weniger Aufwand verbunden. Grund dafür ist, dass die Verbindungsstruktur vollständig außerhalb des ICs in einer FPGA gespeichert und realisiert wird. Für die Implementierung des Routings in der FPGA gelten dagegen die gleichen Anforderungen aus Kapitel 4 bezüglich Konfigurationsaufwand und Synapsenanzahl, wobei sich letztere in der erforderlichen Gesamtbandbreite niederschlägt. Diese Werte müssen bei der Dimensionierung der Routing-Tabellen und ihres Zugriffs berücksichtigt werden. Dazu ist die in Abschnitt 6.2 vorgestellte Methode auf Basis von Rent's Rule gut geeignet.

Abbildung 6.21 zeigt eine Fotografie des gefertigten Coronet-Echtzeit-ICs. Auf ihr ist deutlich die Einteilung in zehn Gruppen zu erkennen.

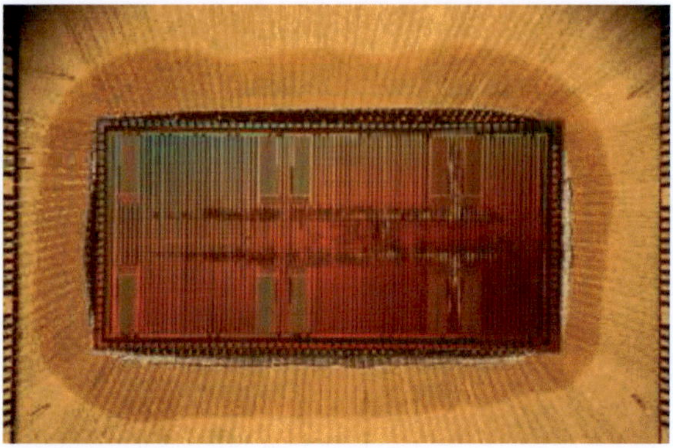

Abbildung 6.21: Fotografie des gefertigten Coronet-Echtzeit-ICs.

7 Zusammenfassung und Diskussion

Die komplexe Informationsverarbeitung in neuronalen Netzen lässt sich durch großskalige neuromorphe Hardwareysteme besser verstehen und technisch anwenden. Die Skalierung dieser Systeme ist wesentlich durch die zu realisierende komplexe Verbindungsstruktur begrenzt. Deshalb verspricht eine auf die abzubildenden Netzmodelle optimierte Hardware-Architektur eine deutlich effizientere Implementierung, insbesondere einen Zuwachs an Integrationsdichte.

In der vorliegenden Arbeit wurden Werkzeuge zum Analysieren und Ausnutzen dieses Optimierungspotenzials entwickelt. Wichtigste Kenngrößen dabei sind die geometrische Verteilung von Verbindungen, die Synapsenanzahl und der benötigte Konfigurationsspeicher zum Abbilden der Verbindungsstruktur. Untersuchungen typischer Netzmodelle und Hardwaresysteme zeigten deutliche Unterschiede zwischen beiden.

Viele der Netzmodelle weisen eine annähernd quadratische Skalierung der Synapsenanzahl und des Konfigurationsspeichers auf und zeigen eine komplexe geometrische Verteilung ihrer Verbindungen. Ein Grund dafür ist, dass diese Modelle nicht für eine beliebige Skalierung entworfen wurden und deshalb die Entfernungsabhängigkeit von Verbindungen im Kortex [41] nicht berücksichtigen. Es konnte gezeigt werden, dass das Einbeziehen der Entfernungsabhängigkeit die Komplexität bei der Skalierung und der geometrischen Verteilung der Verbindungen deutlich senkt und mit Beschränkungen des biologischen Substrates kompatibel macht.

Die betrachteten Hardwaresysteme unterscheiden sich in ihren Kenndaten deutlich von den untersuchten Netzmodellen. Sie skalieren notwendigerweise meist linear mit der Systemgröße. Wesentliche Beschränkung der meisten Systeme ist die geringe Synapsenanzahl. Daneben zeigten sich starke Unterschiede zwischen den bestehenden Architekturen hinsichtlich Konfigurationsmöglichkeiten der Verbindungen und ihrer geometrischen Verteilung.

Aus den Analyseergebnissen entwickelte die Arbeit eine neuartige Chip-Architektur, die die Vorteile bisheriger Architekturen vereint. Sie erlaubt das Auslagern von Schaltungsteilen aus der Synapse, was zu einer deutlichen Flächeneinsparung führt, da diese Teile nur einmal für viele Synapsen bereitgestellt werden müssen. Dabei ist sie gleichzeitig ausreichend konfigurierbar in der Synapsenverschaltung, so dass ein hoher Anteil der implementierten Synapsen von Realisierungen eines vorgegebenen Netzmodells genutzt werden. Diese Konfigurierbarkeit lässt sich an die Erfordernisse des Netzmodells anpassen, so dass der Konfigurationsaufwand in der Implementierung genau so hoch wie nötig ist. Die entwickelten Analysemethoden zeigen, welche Chip-Architektur je nach Größe der einzelnen Schaltungskomponenten den kleinsten Flächenverbrauch bietet. Darüberhinaus erlauben sie das Dimensionieren wichtiger Kenngrößen eines neuromorphen Chips.

Die Entwurfsmethode wurde für Systeme mit expliziten Schaltungen für Neuronen und Synapsen entwickelt. Die zugrundeliegenden Analysemethoden sind aber universeller anwendbar. So wurde gezeigt, dass sich mit der Rent-Charakteristik, die die geometrische

Verteilung von Verbindungen beschreibt, bestehende Netzmodelle auf Kompatibilität mit den geometrischen Beschränkungen des Gehirns testen lassen. Ein solcher Test lässt sich auch für eine einfache Überprüfung heranziehen, ob ein Netzmodell auf einem bestimmten Hardwaresystem abbildbar ist. Desweiteren lässt sich die Rent-Charakteristik als Grundlage für die Dimensionierung eines neuromorphen Systems auf allen Hierarchieebenen verwenden.

Im Gegensatz zur Rent-Charakteristik erlaubt der entwickelte erweiterte Graph eine detaillierte Beschreibung von Netzmodellen und Hardwaresystemen. Der minimal benötigte Konfigurationsspeicher lässt sich aus dieser Beschreibung einfach berechnen. Das erlaubt das Ermitteln des Konfigurationsaufwands, der für die vollständige Abbildung eines bestimmten Netzmodells erforderlich ist. Daneben lässt sich aus dem erweiterten Graphen eines Hardwaresystems der Konfigurationsspeicher ermitteln, der zur Realisierung der Verbindungsstruktur effektiv zur Verfügung steht.

Die meisten der bisher implementierten neuromorphen Systeme realisieren die Neuronen und Synapsen als Analogschaltungen. Herausforderung dabei ist, langsame Vorgänge mit Zeitkonstanten im Millisekundenbereich zuverlässig zu steuern. Die dazu erforderlichen Ströme im Nanoamperebereich unterliegen Rauscheffekten und erfordern im Allgemeinen den Betrieb zumindest eines Teils der Transistoren im Subthreshold-Bereich [101], der empfindlich gegen Prozessvariationen und Temperaturschwankungen ist. Dieser Zusammenhang lässt sich teilweise durch eine beschleunigte Zeitbasis umgehen [140], [19], trotzdem lassen sich Einflüsse von Prozess und Temperatur nur bedingt und mit höherem Flächenbedarf kompensieren.

Als Alternative bieten sich rein digitale Systeme an, die die Auswirkungen von Transistorstreuungen eliminieren, indem sie den Zeit- und Wertebereichs diskretisieren. Daneben lässt sich ein Digitalwert beliebig lange speichern, wodurch es keine besonderen Probleme beim Realisieren langsamer Vorgänge gibt. Im Gegenteil kann der Geschwindigkeitsvorteil von CMOS-Schaltungen genutzt werden, um Berechnungsschaltungen für eine Vielzahl an Elementen wiederzuverwenden. Das kommt neuromorphen Implementierungen mit klassischen MPSoC-Systemen entgegen [33, 98]. Auch wenn sich so der Aufwand für Berechnungsschaltungen senken lässt, bleiben die zu simulierenden neuronalen Netze hochparallele Systeme, so dass eine rein sequenzielle Abarbeitung bald an ihre Grenzen stoßen würde. Wie die Berechnungen in Abschnitt 6.2 zeigen, bleibt als kritische Kenngröße für alle Implementierungsvarianten der Speicheraufwand für Verbindungsstruktur und Zustandsvariablen. Herausforderung hierbei ist die parallele Operation der einzelnen Elemente, die einen quasi-parallelen Zugriff auf die gespeicherten Werte erfordert. Da die Zugriffsbandbreite externer Speicherschnittstellen begrenzt ist [148], erscheint eine Realisierung mit kleinen, lokalen Speichern auf dem Chip notwendig, was wiederum die Integrationsdichte herabsetzen würde. Der Speicherbedarf lässt sich durch Beschränken der Flexibilität des Systems (weniger unabhängige Zustandsvariablen, weitgehend festgelegte Verbindungsstruktur) umgehen. Ein so spezialisiertes System wäre aber nur für ausgewählte Anwendungen verwendbar.

Voraussetzung für ein solches zugeschnittenes System ist eine klar definierte Spezifikation. Beim Entwurf von neuromorphen Systemen ist jedoch häufig eine genaue Spezifikation der Aufgaben des Systems unklar, was ein Definieren von Systemkomponenten schwierig macht. Grund dafür ist unter anderem, dass das Verhalten der zu realisierenden neuronalen Netze und seine Steuerung selbst Gegenstand der Forschung ist. Damit geschieht eine Spezifikation der Systemkomponenten meist unter Vorbehalt und kann sich während des Entwurfs ändern. Als Ausweg aus dieser Situation wurden große Systeme wie das FACETS/BrainScaleS Waferscale-System oder das SpiNNaker-System mit dem Ziel entworfen, beliebige Modelle für (pulsende) neuronale Netze simulieren zu können. Das Waferscale-System unterliegt jedoch deutlichen Einschränkungen, da die Neuronen- und Synapsenmodelle festgelegt sind und die realisierbaren Verbindungsstrukturen technisch begrenzt sind (siehe Abschnitt 5.4). Das SpiNNaker-System mit seiner typischen MPSoC-Architektur [33] wiederum löst das oben angesprochene Problem des parallelen Speicherzugriffs nicht. Beide Systeme erreichen damit das hochgesteckte Ziel der allgemeinen Verwendbarkeit nur mit Abstrichen. Ein Grund dafür ist, dass die Spezifikationen für beide Systeme im Wesentlichen durch das technisch Machbare motiviert sind, wohingegen die Anforderungen der abzubildenden neuronalen Netze nur lückenhaft definiert und analysiert wurden.

Durch unzureichend festgelegte Anforderungen an ein neuromorphes System können nicht nur unerwartete Probleme beim Abbilden eines neuronalen Netzes auf das fertige System auftreten; es werden unter Umständen auch Möglichkeiten zum Optimieren der Implementierung ungenutzt gelassen. Diese unbefriedigende Situation lässt sich durch klar definierte Anforderungen an das System umgehen. Eine solche Spezifikation umfasst die Eigenschaften der Neuronen- und Synapsenmodelle, die erforderliche Genauigkeit bei ihrer Nachbildung und die abzubildenden Netzmodelle. Aus den Anforderungen an die Neuronen und Synapsen kann dann eine geeignete Realisierungsvariante aus der Vielzahl an bestehenden Implementierungen abgeleitet werden [101, 33]. Die Genauigkeitsanforderungen dienen dabei als Randbedingungen für die Dimensionierung der einzelnen Elemente, deren Genauigkeit sich zum Beispiel mit den in [23] vorgestellten Methoden bewerten lässt. Die vorliegende Arbeit stellt Methoden bereit, um die abzubildenden Netzmodelle auf ihre Anforderungen an eine Hardwareimplementierung zu untersuchen. Die in Kapitel 6 entwickelte Vorgehensweise zeigt darüberhinaus, wie sich die Verbindungsarchitektur eines neuromorphen Systems auf konkrete Netzmodelle optimieren lässt. Damit stehen alle Werkzeuge bereit, um aus einer Spezifikation ein zugeschnittenes System zu entwerfen und seine Leistungsfähigkeit zu verifizieren.

Eigene Publikationen als Haupt- und Nebenautor

[1] PARTZSCH, J. ; MAYR, C. ; SCHÜFFNY, R.: Building Gabor filters from retinal responses. In: *Enformatika Transactions on Engineering, Computing and Technology* Bd. 19, 2007, S. 211–216

[2] PARTZSCH, J. ; MAYR, C. ; SCHÜFFNY, R.: BCM and membrane potential: alternative ways to timing dependent plasticity. In: *International Conference on Neural Information Processing* Bd. LNCS 5506, 2008, S. 137–144

[3] PARTZSCH, J. ; SCHÜFFNY, R.: On the routing complexity of neural network models - Rent's rule revisited. In: *European Symposium on Artificial Neural Networks*, 2009, S. 595–600

[4] PARTZSCH, J. ; SCHÜFFNY, R.: Analysing the scaling of connectivity in neuromorphic hardware and in models of neural networks. In: *IEEE Transactions on Neural Networks* 22 (2011), Nr. 6, S. 919–935

[5] PARTZSCH, J. ; SCHÜFFNY, R.: Developing structural constraints on connectivity for biologically embedded neural networks. In: *Biological Cybernetics* 106 (2012), Nr. 3, S. 191–200

[6] PARTZSCH, J. ; MAYR, C. ; SCHIEFER, S. ; HARTMANN, S. ; SCHOLZE, S. ; SCHÜFFNY, R.: Live demonstration: highly integrated packet-based communication in a neuromorphic wafer system. In: *University Booth at Design, Automation and Test in Europe*, 2012

[7] PARTZSCH, J. ; MAYR, C. ; SCHÜFFNY, R. ; SCHMIDT, H.: Essentials for operating memristive arrays: A BiFeO3 study. In: *MemCo Workshop „Memristors for Computing“*, 2012

[8] PARTZSCH, J. ; MAYR, C. ; VOGGINGER, B. ; SCHÜFFNY, R. ; RAST, A. ; PLANA, L. ; FURBER, S.: Live demonstration: Ethernet communication linking two large-scale neuromorphic systems. In: *European Conference on Circuit Theory and Design*, 2013

[9] MAYR, C. ; PARTZSCH, J. ; SCHÜFFNY, R.: Transient responses of activity-dependent synapses to modulated pulse trains. In: *Neurocomputing* 3 (2009), S. 99–105

[10] MAYR, C. ; PARTZSCH, J. ; SCHÜFFNY, R.: On the relation between bursts and dynamic synapse properties: A modulation-based ansatz. In: *Computational Intelligence and Neuroscience* 2009 (2009), S. 1–13

[11] Hartmann, S. ; Schiefer, S. ; Scholze, S. ; Partzsch, J. ; Mayr, C. ; Henker, S. ; Schüffny, R.: Highly integrated packet-based AER communication infrastructure with 3Gevent/s throughput. In: *International Conference on Electronics, Circuits and Systems*, 2010, S. 952–955

[12] Mayr, C. ; Noack, M. ; Partzsch, J. ; Schüffny, R.: Replicating experimental spike and rate based neural learning in CMOS. In: *International Symposium on Circuits and Systems*, 2010, S. 105–108

[13] Mayr, C. ; Partzsch, J.: Rate and pulse based plasticity governed by local synaptic state variables. In: *Frontiers in Synaptic Neuroscience* 2 (2010), S. 1–28

[14] Mayr, C. ; Partzsch, J. ; Noack, M. ; Schüffny, R.: Using neuron dynamics for realistic synaptic learning. In: *The Neuromorphic Engineer* (2010), S. 1–3

[15] Mayr, C. ; Partzsch, J. ; Schüffny, R.: A critique of BCM behaviour verification for STDP-type plasticity models. In: *European Symposium on Artificial Neural Networks*, 2010, S. 369–374

[16] Scholze, S. ; Henker, S. ; Partzsch, J. ; Mayr, C. ; Schüffny, R.: Optimized queue based communication in VLSI using a weakly ordered binary heap. In: *International Conference on Mixed Design of Integrated Circuits and Systems*, 2010, S. 316–320

[17] Noack, M. ; Partzsch, J. ; Mayr, C. ; Henker, S. ; Schüffny, R.: Biology-derived synaptic dynamics and optimized system architecture for neuromorphic hardware. In: *International Conference on Mixed Design of Integrated Circuits and Systems*, 2010, S. 219–224

[18] Brüderle, D. ; Petrovici, M.A. ; Vogginger, B. ; Ehrlich, M. ; Pfeil, T. ; Millner, S. ; Grübl, A. ; Wendt, K. ; Müller, E. ; Schwartz, M.-O. ; Husmann de Oliveira, D. ; Jeltsch, S. ; Fieres, J. ; Schilling, M. ; Müller, P. ; Breitwieser, O. ; Petkov, V. ; Muller, L. ; Davison, A.P. ; Krishnamurthy, P. ; Kremkow, J. ; Lundqvist, M. ; Muller, E. ; Partzsch, J. ; Scholze, S. ; Zühl, L. ; Mayr, C. ; Destexhe, A. ; Diesmann, M. ; Potjans, T.C. ; Lansner, A. ; Schüffny, R. ; Schemmel, J. ; Meier, K.: A comprehensive workflow for general-purpose neural modeling with highly configurable neuromorphic hardware systems. In: *Biological Cybernetics* 104 (2011), S. 263–296

[19] Noack, M. ; Mayr, C. ; Partzsch, J. ; Schüffny, R.: Synapse dynamics in CMOS derived from a model of neurotransmitter release. In: *European Conference on Circuit Theory and Design*, 2011, S. 198–201

[20] Schiefer, S. ; Hartmann, S. ; Scholze, S. ; Partzsch, J. ; Mayr, C. ; Henker, S. ; Schüffny, R.: Live demonstration: packet-based AER with 3 Gevent/s cumulative throughput. In: *International Symposium on Circuits and Systems*, 2011, S. 1988

[21] Scholze, S. ; Eisenreich, H. ; Höppner, S. ; Ellguth, G. ; Henker, S. ; Ander, M. ; Hänzsche, S. ; Partzsch, J. ; Mayr, C. ; Schüffny, R.: A 32 GBit/s communication SoC for a waferscale neuromorphic system. In: *Integration, the VLSI Journal* 1 (2011), S. 61–75

[22] Scholze, S. ; Schiefer, S. ; Partzsch, J. ; Hartmann, S. ; Mayr, C. ; Höppner, S. ; Eisenreich, H. ; S., Henker ; Vogginger, B. ; Schüffny, R.: VLSI implementation of a 2.8 Gevent/s packet based AER interface with routing and event sorting functionality. In: *Frontiers in Neuroscience* 5 (2011), S. 1–13

[23] Henker, S. ; Partzsch, J. ; Schüffny, R.: Accuracy evaluation of numerical methods used in state-of-the-art simulators for spiking neural networks. In: *Journal of Computational Neuroscience* 32 (2012), S. 309–326

[24] Mayr, C. ; Stärke, P. ; Partzsch, J. ; Cederstroem, L. ; Schüffny, R. ; Shuai, Y. ; Du, N. ; Schmidt, H.: Waveform driven plasticity in BiFeO3 memristive devices: model and implementation. In: *Neural Information Processing Systems*, 2012, S. 1709–1717

[25] Noack, M. ; Mayr, C. ; Partzsch, J. ; Schultz, M. ; Schüffny, R.: A switched-capacitor implementation of short-term synaptic dynamics. In: *International Conference on Mixed Design of Integrated Circuits and Systems*, 2012

[26] Schemmel, J. ; Grübl, A. ; Kononov, A. ; Meier, K. ; Millner, S. ; Schwartz, M. ; Scholze, S. ; Schiefer, S. ; Hartmann, S. ; Partzsch, J. ; Mayr, C. ; Schüffny, R.: Live demonstration: A scaled-down version of the BrainScaleS waferscale neuromorphic system. In: *International Symposium on Circuits and Systems*, 2012

[27] Thanasoulis, V. ; Partzsch, J. ; Hartmann, S. ; Mayr, C. ; Schüffny, R.: Dedicated FPGA communication architecture and design for a large-scale neuromorphic system. In: *International Conference on Electronics, Circuits and Systems*, 2012, S. 877–880

[28] Mayr, C. ; Partzsch, J. ; Noack, M. ; Schüffny, R.: Multiple-timescale plasticity in a neuromorphic system. In: *International Symposium on Circuits and Systems*, 2013, S. 667–670

[29] Rast, A. ; Partzsch, J. ; Mayr, C. ; Schemmel, J. ; Hartmann, S. ; Plana, L.A. ; Temple, S. ; Lester, D. ; Schüffny, R. ; Furber, S.: A location-independent direct link neuromorphic interface. In: *International Joint Conference on Neural Networks*, 2013

Literaturverzeichnis

[30] GIULIONI, M.: *networks of spiking neurons and plastic synapses: implementation and control*, Universita degli studi di Roma Tor Vergata, Diss., 2008

[31] BRAITENBERG, V. ; SCHÜZ, A.: *Cortex: Statistics and Geometry of Neuronal Connectivity.* Springer-Verlag Heidelberg, 1998

[32] SCHEMMEL, J. ; BRÜDERLE, D. ; GRÜBL, A. ; HOCK, M. ; MEIER, K. ; MILLNER, S.: A Wafer-Scale Neuromorphic Hardware System for Large-Scale Neural Modeling. In: *ISCAS 2010*, 2010, S. 1947–1950

[33] NAVARIDAS, Javier ; LUJAN, Mikel ; MIGUEL-ALONSO, Jose ; PLANA, Luis A. ; FURBER, Steve: Understanding the interconnection network of SpiNNaker. In: *ICS 2009*, ACM, 2009, S. 286–295

[34] CULURCIELLO, E. ; ANDREOU, G.: A comparative study of access topologies for chip-level address-event communication channels. In: *IEEE transactions on neural networks* 14 (2003), Nr. 5, S. 1266–1277

[35] ZAMARRENO-RAMOS, C. ; LINARES-BARRANCO, A. ; SERRANO-GOTARREDONA, T. ; LINARES-BARRANCO, B.: Multicasting Mesh AER: A Scalable Assembly Approach for Reconfigurable Neuromorphic Structured AER Systems. Application to ConvNets. In: *IEEE TBCAS* (2012), S. 1–21

[36] FIERES, J. ; SCHEMMEL, J. ; MEIER, K.: Realizing Biological Spiking Network Models in a Configurable Wafer-Scale Hardware System. In: *IJCNN*, 2008, S. 969–976

[37] GERSTNER, W. ; KISTLER, W.M.: *spiking neuron models: single neurons, populations, plasticity.* Cambridge University Press, 2002. – `http://diwww.epfl.ch/~gerstner/BUCH.html`

[38] KOCH, C.: *biophysics of computation. information processing in single neurons.* Oxford University Press, 1999 (Computational Neuroscience)

[39] SHEPHERD, G.M.: *The synaptic organization of the brain.* 5. Auflage. Oxford University Press, 2004

[40] ROLLS, E.T. ; DECO, G.: *The Noisy Brain: Stochastic Dynamics as a Principle of Brain Function.* Oxford University Press, 2010

[41] HELLWIG, B.: A quantitative analysis of the local connectivity between pyramidal neurons in layers 2/3 of the rat visual cortex. In: *Biological Cybernetics* 82 (2000), S. 111–121

[42] Hodgkin, A.L. ; Huxley, A.F.: a quantitative description of membrane current and its application to conduction and excitation in nerve. In: *Journal of Physiology* 117 (1952), S. 500–544

[43] Izhikevich, E.M.: which model to use for cortical spiking neurons? In: *IEEE Transactions on Neural Networks* 15 (2004), Nr. 5, S. 1063–1070

[44] Destexhe, A.: Conductance-Based Integrate-and-Fire Models. In: *Neural Computation* 9 (1997), Nr. 3, S. 503–514

[45] Thompson, A.M.: Presynaptic Frequency- and Pattern-Dependent Filtering. In: *Journal of Computational Neuroscience* 15 (2003), S. 159–202

[46] Bi, G.-Q. ; Poo, M.-M.: synaptic modifications in cultured hippocampal neurons: dependence on spike timing, synaptic strength, and postsynaptic cell type. In: *Journal of Neuroscience* 18 (1998), Nr. 24, S. 10464–10472

[47] Sjoestroem, P.J. ; Turrigiano, G.G. ; Nelson, S.B.: Rate, Timing, and Cooperativity Jointly Determine Cortical Synaptic Plasticity. In: *Neuron* 32 (2001), S. 1149–1164

[48] Markram, H. ; Wang, Y. ; Tsodyks, M.: differential signaling via the same axon of neocortical pyramidal neurons. In: *PNAS* 95 (1998), S. 5323–5328

[49] Bienenstock, E.L. ; Cooper, L.N. ; Munro, P.W.: Theory for the development of neuron selectivity: orientation specificity and binocular interaction in visual cortex. In: *Journal of Neuroscience* 2 (1982), Nr. 1, S. 32–48

[50] Ngezahayo, A. ; Schachner, M. ; Artola, A.: Synaptic Activity Modulates the Induction of Bidirectional Synaptic Changes in Adult Mouse Hippocampus. In: *Journal of Neuroscience* 20 (2000), Nr. 7, S. 2451–2458

[51] Shadlen, M.N. ; Newsome, W.T.: The Variable Discharge of Cortical Neurons: Implications for Connectivity, Computation, and Information Coding. In: *Journal of Neuroscience* 18 (1998), Nr. 10, S. 3870–3896

[52] Kepecs, A. ; van Rossum, M.C.W. ; Song, S. ; Tegner, J.: spike-timing-dependent plasticity: common themes and divergent vistas. In: *Biological Cybernetics* 87 (2002), S. 446–458

[53] Froemke, R.C. ; Dan, Y.: spike-timing-dependent synaptic modification induced by natural spike trains. In: *Nature* 416 (2002), S. 433–438

[54] Wang, H.-X. ; Gerkin, R.C. ; Nauen, D.W. ; Bi, G.-Q.: Coactivation and timing-dependent integration of synaptic potentiation and depression. In: *Nature Neuroscience* 8 (2005), Nr. 2, S. 187–193

[55] Artola, A. ; Broecher, S. ; Singer, W.: Different voltage-dependent thresholds for inducing long-term depression and long-term potentiation in slices of rat visual cortex. In: *Nature* 347 (1990), S. 69–72

[56] HANCOCK, P.J.B. ; SMITH, L.S. ; PHILLIPS, W.A.: A Biologically Supported Error-Correcting Learning Rule. In: *Neural Computation* 3 (1991), S. 201–212

[57] SHOUVAL, H.Z. ; BEAR, M.F. ; COOPER, L.N.: a unified model of NMDA receptor-dependent bidirectional synaptic plasticity. In: *PNAS* 99 (2002), Nr. 16, S. 10831–10836

[58] HANSEL, C. ; ARTOLA, A. ; SINGER, W.: Relation Between Dendritic Ca^{2+} Levels and the Polarity of Synaptic Long-term Modifications in Rat Visual Cortex Neurons. In: *European Journal of Neuroscience* 9 (1997), S. 2309–2322

[59] CLOPATH, C. ; BÜSING, L. ; VASILAKI, E. ; GERSTNER, W.: Connectivity reflects coding: a model of voltage-based STDP with homeostasis. In: *Nature Neuroscience* 13 (2010), S. 344–352

[60] ABELES, M.: *Corticonics. Neural circuits of the cerebral cortex.* Cambridge University Press, 1991

[61] YOUNG, M.P. ; SCANNELL, J.W. ; BURNS, G.: *The analysis of cortical connectivity.* R.G. Landes, Springer-Verlag, 1995

[62] BEAL, J.A. *Human brain frontal (coronal) section.* Nov. 2005

[63] LUNDQVIST, M. ; REHN, M. ; DJURFELDT, M. ; LANSNER, A.: Attractor dynamics in a modular network model of neocortex. In: *Network: Computation in neural systems* 17 (2006), Nr. 3, S. 253–276

[64] KREMKOW, J. ; KUMAR, A. ; ROTTER, S. ; AERTSEN, A.: emergence of population synchrony in a layered network of the cat visual cortex. In: *Neurocomputing* 70 (2007), S. 2069–2073

[65] FELLEMAN, D.J. ; VAN ESSEN, D.C.: Distributed Hierarchical Processing in the Primate Cerebral Cortex. In: *Cerebral Cortex* 1 (1991), S. 1–47

[66] WEDEEN, J. ; ROSENE, D.L. ; WANG, R. ; DAI, G. ; MORTAZAVI, F. ; HAGMANN, P. ; KAAS, J.H. ; TSENG, W.-Y.I.: The Geometric Structure of the Brain Fiber Pathways. In: *Science* 335 (2012), S. 1628–1634

[67] HUBEL, D.H. ; WIESEL, T.N.: receptive fields and functional architecture of monkey striate cortex. In: *Journal of Physiology* 195 (1968), S. 215–243

[68] JONES, J.P. ; PALMER, L.A.: an evaluation of the two-dimensional gabor filter model of simple receptive fields in cat striate cortex. In: *Journal of Neurophysiology* 58 (1987), Nr. 6, S. 1233–1258

[69] RIESENHUBER, M. ; POGGIO, T.: hierarchical models of object recognition in cortex. In: *Nature Neuroscience* 2 (1999), Nr. 11, S. 1019–1025

[70] BUESING, L. ; BILL, J. ; NESSLER, B. ; MAASS, W.: Neural Dynamics as Sampling: A Model for Stochastic Computation in Recurrent Networks of Spiking Neurons. In: *PLoS Computational Biology* 7 (2011), Nr. 11, S. 1–22

[71] PERIN, R. ; BERGER, T.K. ; MARKRAM, H.: A synaptic organizing principle for cortical neuronal groups. In: *PNAS* 108 (2011), S. 5419–5424

[72] CHANGIZI, M.A.: Scaling the brain and its connections. In: KAAS, J.H. (Hrsg.): *Evolution of Nervous Systems*. Elsevier, 2007

[73] BEIU, V. ; IBRAHIM, W.: Does the brain really outperform Rent's rule? In: *ISCAS*, 2008, S. 640–643

[74] ZHANG, K. ; SEJNOWSKI, T.J.: A universal scaling law between gray matter and white matter of cerebral cortex. In: *PNAS Neurobiology* 97 (2000), Nr. 10, S. 5621–5626

[75] CHKLOVSKII, D.B.: exact solution for the optimal neuronal layout problem. In: *Neural Computation* 16 (2004), S. 2067–2078

[76] RAMON Y CAJAL, S.: *New Ideas on the Structure of the Nervous System in Man and Vertebrates*. MIT Press, 1990. – Englische Übersetzung der französischen Originalausgabe von 1894

[77] NIEUWENHUYS, R.: The neocortex. An overview of its evolutionary development, structural organization and synaptology. In: *Anatomy and Embryology* 190 (1994), S. 307–337

[78] CONNORS, B.W. ; GUTNICK, M.J.: Intrinsic firing patterns of diverse neocortical neurons. In: *Trends in Neurosciences* 13 (1990), Nr. 3, S. 99–104

[79] KREMKOW, J. ; PERRINET, L. ; MASSON, G. ; AERTSEN, A.: Functional consequences of correlated excitatory and inhibitory conductances in cortical networks. In: *Journal of Computational Neuroscience* 28 (2010), S. 579–594

[80] BINZEGGER, T. ; DOUGLAS, R.J. ; MARTIN, K.A.C: a quantitative map of the circuit of cat primary visual cortex. In: *Journal of Neuroscience* 24 (2004), Nr. 39, S. 8441–8453

[81] BOCCALETTI, S. ; LATORA, V. ; MORENO, Y. ; CHAVEZ, M. ; HWANG, D.-U.: complex networks: structure and dynamics. In: *Physics Reports* 424 (2006), S. 175–308

[82] NEWMAN, M.E.J.: the structure and function of complex networks. In: *SIAM Review* 45 (2003), S. 167–256

[83] MCCULLOCH, W.S. ; PITTS, W.: A logical calculus of the ideas immanent in nervous activity. In: *Bulletin of Mathematical Biophysics* 5 (1943), S. 115–133

[84] SIMPSON, P.K.: *artificial neural systems. foundations, paradigms, applications, and implementations*. Pergamon Press, 1990 (Neural Networks: Research and Applications)

[85] MEAD, C.: Neuromorphic Electronic Systems. In: *Proceedings of the IEEE* 78 (1990), Nr. 10, S. 1629–1636

[86] GRAUPNER, A. ; SCHREITER, J. ; GETZLAFF, S. ; SCHÜFFNY, R.: CMOS Image Sensor with Mixed-Signal Processor Array. In: *IEEE Journal on Solid-State Circuits* 38 (2003), Nr. 6, S. 948–957

[87] MAYR, C. ; HEITTMANN, A. ; SCHÜFFNY, R.: Gabor-like Image Filtering using a Neural Microcircuit. In: *IEEE Transactions on Neural Networks* 18 (2007), Nr. 3, S. 955–959

[88] LICHTSTEINER, P. ; POSCH, C. ; DELBRUCK, T.: A 128x128 120dB 30mW Asynchronous Vision Sensor that Responds to Relative Intensity Change. In: *ISSCC*, 2006

[89] DRAZEN, D. ; LICHTSTEINER, P. ; HÄFLIGER, P. ; DELBRUCK, T. ; JENSEN, A.: Toward real-time particle tracking using an event-based dynamic vision sensor. In: *Experiments in Fluids* 51 (2011), S. 1465–1469

[90] CHICCA, E.: *A Neuromorphic VLSI System for Modeling Spike-Based Cooperative Competitive Neural Networks*, ETH Zurich, Diss., 2006

[91] KOICKAL, T.J. ; HAMILTON, A. ; PEARCE, T.C. ; TAN, S.L. ; COVINGTON, A. ; GARDNER, J.W.: analog VLSI design of an adaptive neuromorphic chip for olfactory systems. In: *ISCAS 2006*, 2006

[92] LIU, S.-C. ; DELBRUCK, T.: Neuromorphic sensory systems. In: *Current Opinion in Neurobiology* 20 (2010), S. 1–8

[93] MATOLIN, D. ; SCHREITER, J. ; GETZLAFF, S. ; SCHÜFFNY, R.: An Analog VLSI Pulsed Neural Network Implementation for Image Segmentation. In: *International Conference on Mixed Design of Integrated Circuits and Systems*, 2004, S. 157–161

[94] CHOI, T.Y.W. ; SHI, B.E. ; BOAHEN, K.A.: an ON-OFF orientation selective address event representation image transceiver chip. In: *IEEE Transactions on Circuits and Systems I: Regular Papers* 51 (2004), Nr. 2, S. 342–353

[95] CHAN, V. ; LIU, S.-C. ; VAN SCHAIK, A.: AER EAR: A matched silicon cochlea pair with address event representation interface. In: *IEEE Transactions on Circuits and Systems I* 54 (2007), Nr. 1, S. 48–59

[96] PFEIL, T. ; POTJANS, T. ; SCHRADER, S. ; POTJANS, W. ; SCHEMMEL, J. ; DIESMANN, M. ; MEIER, K.: Is a 4-bit synaptic weight resolution enough? - Constraints on enabling spike-timing dependent plasticity in neuromorphic hardware / Ruprecht-Karls-University Heidelberg. 2012. – Forschungsbericht. arXiv:1201.6255v3

[97] EHRLICH, M. ; MAYR, C. ; EISENREICH, H. ; HENKER, S. ; SROWIG, A. ; GRÜBL, A. AND SCHEMMEL, J. ; SCHÜFFNY, R.: wafer-scale VLSI implementations of pulse coupled neural networks. In: *Proceedings of the 4. IEEE International Conference on Sensors, Circuits and Instrumentation Systems*, 2007

[98] Plana, L.A. ; D., Clark ; Davidson, S. ; Furber, S. ; Garside, J. ; Painkras, E. ; Pepper, J. ; Temple, S. ; Bainbridge, J.: SpiNNaker: Design and Implementation of a GALS Multicore System-on-Chip. In: *ACM Journal in Emerging Technologies in Computing Systems* 7 (2011), Nr. 4, S. 17:1–18

[99] Hasler, J. ; Marr, B.: Finding a roadmap to achieve large neuromorphic hardware systems. In: *Frontiers in Neuroscience* 7 (2013)

[100] Kaulmann, T.: *Ressourceneffiziente Realisierung Pulscodierter Neuronaler Netze*, Universität Paderborn, Diss., 2009

[101] Indiveri, G. ; Linares-Barranco, B. ; Hamilton, T.J. ; van Schaik, A. ; Etienne-Cummings, R. ; Delbruck, T. ; Liu, S.C. ; Dudek, P. ; Häfliger, P. ; Renaud, S. ; Schemmel, J. ; Cauwenberghs, G. ; Arthur, J. ; Hynna, K. ; Folowosele, F. ; Saighi, S. ; Serrano-Gotarredona, T. ; Wijekoon, J. ; Wang, Y. ; Boahen, K.: Neuromorphic silicon neuron circuits. In: *Frontiers in Neuroscience* 5 (2011), S. 1–23

[102] Pfister, J.-P. ; Gerstner, W.: Triplets of spikes in a model of spike timing-dependent plasticity. In: *Journal of Neuroscience* 26 (2006), Nr. 38, S. 9673–9682

[103] Vogelstein, R.J. ; Mallik, U. ; Vogelstein, J.T. ; Cauwenberghs, G.: Dynamically Reconfigurable Silicon Array of Spiking Neurons With Conductance-Based Synapses. In: *IEEE transactions on neural networks* 18 (2007), Nr. 1, S. 253–265

[104] Bassett, D.S. ; Bullmore, E.: Small-world brain networks. In: *The Neuroscientist* 12 (2006), Nr. 6, S. 512–523

[105] Kötter, R. ; Stephan, K.E.: Network participation indices: characterizing component roles for information processing in neural networks. In: *Neural Networks* 16 (2003), S. 1261–1275

[106] Watts, D.J. ; Strogatz, S.H.: Collective dynamics of small-world networks. In: *Nature* 393 (1998), S. 440–442

[107] Wong, A.K.C. ; You, M.: Entropy and Distance of Random Graphs with Application to Structural Pattern Recognition. In: *IEEE Transactions on Pattern Analysis and Machine Intelligence* PAMI-7 (1985), S. 599–609

[108] Bertz, S.H.: On the complexity of graphs and molecules. In: *Bulletin of Mathematical Biology* 45 (1983), Nr. 5, S. 849–855

[109] Dehmer, M.: Information processing in complex networks: Graph entropy and information functionals. In: *Applied Mathematics and Computation* 201 (2008), S. 82–94

[110] Häusler, S. ; Schuch, K. ; Maass, W.: Motif distribution, dynamical properties, and computational performance of two data-based cortical microcircuit templates. In: *Journal of Physiology* 103 (2009), S. 73–87

[111] SPORNS, O. ; KÖTTER, R.: Motifs in brain networks. In: *PLOS Biology* 2 (2004), Nr. 11, S. 1910–1918

[112] BLINDER, P. ; BARUCHI, I. ; VOLMAN, V. ; LEVINE, H. ; BARANES, D. ; BEN JACOB, E.: functional topology classification of biological computing networks. In: *Natural Computation* 4 (2005), S. 339–361

[113] LANDMAN, B.S. ; RUSSO, R.L.: On a pin versus block relationship for partitions of logic graphs. In: *IEEE Transactions on Computers* C-20 (1971), Nr. 12, S. 1469–1479

[114] HAGEN, L. ; KAHNG, A.B. ; FADI, J.K. ; RAMACHANDRAN, C.: On the intrinsic rent parameter and spectra-based partitioning methodologies. In: *IEEE transactions on computer-aided design of integrated circuits and systems* 13 (1994), S. 27–37

[115] CHRISTIE, P. ; STROOBANDT, D.: The interpretation and application of Rent's Rule. In: *IEEE Transactions on VLSI Systems* 8 (2000), Nr. 6, S. 639–648

[116] KARYPIS, G. ; KUMAR, V.: Multilevel k-way Hypergraph Partitioning. In: *VLSI Design* 11 (2000), Nr. 3, S. 285–300

[117] BASSETT, D.S. ; GREENFIELD, D.L. ; MEYER-LINDENBERG, A. ; WEINBERGER, D.R. ; MOORE, S.W. ; BULLMORE, E.T.: Efficient physical embedding of topologically complex information processing networks in brains and computer circuits. In: *PLoS Computational Biology* 6 (2010), Nr. 4

[118] LANZEROTTI, M.Y. ; FIORENZA, G. ; RAND, R.A.: Interpretation of Rent's Rule for Ultralarge-Scale Integrated Circuit Designs, With an Application to Wirelength Distribution Models. In: *IEEE Transactions on VLSI systems* 12 (2004), Nr. 12, S. 1330–1347

[119] STROOBANDT, D. ; KURDAHI, F.J.: On the Characterization of Multi-point Nets in Electronic Designs. In: *Proceedings of the 8th Great Lakes Symposium on VLSI*, 1998, S. 344–350

[120] PAKKENBERG, B. ; GUNDERSEN, H.J.G.: Neocortical Neuron Number in Humans: Effect of Sex and Age. In: *Journal of Comparative Neurology* 384 (1997), S. 312–320

[121] HARRISON, K.H. ; HOF, P.R. ; WANG, S.S.-H.: Scaling laws in the mammalian neocortex: Does form provide clues to function? In: *Journal of Neurocytology* 31 (2002), S. 289–298

[122] HERCULANO-HOUZEL, S. ; MOTA, B. ; WONG, P. ; KAAS, J.H.: Connectivity-driven white matter scaling and folding in primate cerebral cortex. In: *PNAS* 107 (2010), Nr. 44, S. 19008–19013

[123] NORDLIE, E. ; GEWALTIG, M.-O. ; PLESSER, H.E.: Towards reproducible descriptions of neuronal network models. In: *PLOS Computational Biology* 5 (2009), Nr. 8

[124] NORDLIE, E. ; PLESSER, H.: Visualizing neuronal network connectivity with connectivity pattern tables. In: *Frontiers in Neuroinformatics* 3 (2010), S. 1–15

[125] BARABASI, A.L. ; ALBERT, R.: Emergence of scaling in random networks. In: *Science* 286 (1999), S. 509–512

[126] DJURFELDT, M.: *Large-Scale Simulation of Neuronal Systems*, KTH School of Computer Science and Communication, Stockholm, Sweden, Diss., 2009

[127] BAILEY, J. ; HAMMERSTROM, D.: Why VLSI implementations of associative VLCNs require connection multiplexing. In: *International Conference on Neural Networks* Bd. 2, 1988, S. 173–180

[128] MEROLLA, P.A. ; ARTHUR, J.V. ; SHI, B.E. ; BOAHEN, K.A.: expandable networks for neuromorphic chips. In: *IEEE Transactions on Circuits and Systems* 54 (2007), Nr. 2, S. 301–311

[129] FENG, W. ; GREENE, J.W.: Post-placement interconnect entropy: how many configuration bits does a programmable logic device need? In: *International Workshop on System-Level Interconnect Prediction*, 2006, S. 41–48

[130] GOLDBERG, A.V. ; TARJAN, R.E.: A new approach to the maximum-flow problem. In: *Journal of the Association for Computing Machinery* 35 (1988), Nr. 4, S. 921–940

[131] SCHEMMEL, J. ; BRÜDERLE, D. ; MEIER, K. ; OSTENDORF, B.: Modeling Synaptic Plasticity within Networks of Highly Accelerated I&F Neurons. In: *ISCAS 2007*, 2007, S. 3367–3370

[132] METROPOLIS, N. ; ULAM, S.: The monte carlo method. In: *Journal of the american statistical association* 44 (1949), Nr. 247, S. 335–341

[133] JONKER, R. ; VOLGENANT, A.: A Shortest Augmenting Path Algorithm for Dense and Sparse Linear Assignment Problems. In: *Computing* 38 (1987), S. 325–340

[134] BRUNEL, N.: Dynamics of Sparsely Connected Networks of Excitatory and Inhibitory Spiking Neurons. In: *Journal of Computational Neuroscience* 8 (2000), S. 183–208

[135] MEHRING, C. ; HEHL, U. ; KUBO, M. ; DIESMANN, M. ; AERTSEN, A.: Activity dynamics and propagation of synchronous spiking in locally connected random networks. In: *Biological Cybernetics* 88 (2003), S. 395–408

[136] BRONSTEIN, I.N. ; SEMENDJAJEW, K.A.: *Taschenbuch der Mathematik*. 23. B.G. Teubner, Leipzig, 1987

[137] HÄUSLER, S. ; MAASS, W.: a statistical analysis of information-processing properties of lamina-specific cortical microcircuit models. In: *Cerebral Cortex* 17 (2007), Nr. 1, S. 149–162

[138] CHUNG, F. ; LU, L.: the average distances in random graphs with given expected degrees. In: *PNAS* 99 (2002), Nr. 25, S. 15879–15882

[139] Wang, J. ; Provan, G.: topological analysis of specific spatial complex networks. In: *Advances in Complex Systems* 12 (2009), Nr. 1, S. 45–71

[140] Schemmel, J. ; Gruebl, A. ; Meier, K. ; Mueller, E.: Implementing Synaptic Plasticity in a VLSI Spiking Neural Network Model. In: *IJCNN*, 2006, S. 1–6

[141] Heittmann, A. ; Ramacher, U. ; Matolin, D. ; Schreiter, J. ; Schüffny, R.: An Analog VLSI Pulsed Neural Network for Image Segmentation Using Adaptive Connection Weights. In: *ICANN 2002, LNCS 2415*, 2002, S. 1293–1298

[142] Farquhar, E. ; Gordon, C. ; Hasler, P.: A Field Programmable Neural Array. In: *ISCAS*, 2006, S. 4114–4117

[143] Lemieux, G. ; Lee, E. ; Tom, M. ; Yu, A.: Directional and single-driver wires in FPGA interconnect. In: *ICFPT*, 2004, S. 41–48

[144] Chicca, E. ; Indiveri, G. ; Douglas, R.: An event-based VLSI network of integrate-and-fire neurons. In: *ISCAS 2004* Bd. 5, 2004, S. 357–360

[145] Linares-Barranco, B. ; Serrano-Gotarredona, T.: Exploiting memristance in adaptive asynchronous spiking neuromorphic nanotechnology systems. In: *IEEE Conference on Nanotechnology*, 2009, S. 601–604

[146] Jones, J.P. ; Palmer, L.A.: the two-dimensional spatial structure of simple receptive fields in cat striate cortex. In: *Journal of Neurophysiology* 58 (1987), Nr. 6, S. 1187–1211

[147] Morrison, A. ; Mehring, C. ; Geisel, T. ; Aertsen, A. ; Diesmann, M.: Advancing the Boundaries of High-Connectivity Network Simulation with Distributed Computing. In: *Neural Computation* 17 (2005), S. 1776–1801

[148] Xilinx: LogiCORE IP Multi-Port Memory Controller (MPMC), v6.03.a / Xilinx, Inc. 2011. – Forschungsbericht

[149] Kim, K.-H. ; Gaba, S. ; Wheeler, D. ; Cruz-Albrecht, T. ; Srinivasa, N. ; Lu, W.: A Functional Hybrid Memristor Crossbar-Array/CMOS System for Data Storage and Neuromorphic Applications. In: *Nano Letters* 12 (2012), Nr. 1, S. 389–395

[150] Galil, Z.: Efficient algorithms for finding maximum matching in graphs. In: *ACM Computing Surveys* 18 (1986), Nr. 1, S. 23–38

[151] Rachmuth, G. ; Poon, C.-S.: Transistor analogs of emergent iono-neuronal dynamics. In: *HFSP Journal* 2 (2008), Nr. 3, S. 156–166

[152] Mayr, C.: *Untersuchungen zur Modellierung und Schaltungsrealisierung von synaptischer Plastizität.* TUDpress Verlag der Wissenschaften, 2012. – Habilitationsschrift, ISBN: 978-3-942710-69-5

[153] Minkovich, K. ; Srinivasa, N. ; Cruz-Albrecht, J.M. ; Cho, Y. ; Nogin, A.: Programming Time-Multiplexed Reconfigurable Hardware Using a Scalable Neuromorphic Compiler. In: *IEEE Transactions on Neural Networks and Learning Systems* 23 (2012), Nr. 6, S. 889–901

[154] Turing, A.M.: On computable numbers, with an application to the Entscheidungsproblem. In: *Proceedings of the London Mathematical Society* 42 (1936), S. 230–265

Anhang

A.1 Grundlegende Eigenschaften des erweiterten Graphen

Dieser Abschnitt fasst einige Eigenschaften des erweiterten Graphen zusammen, die bei den in der Arbeit durchgeführten Analysen nicht benötigt werden. Diese Eigenschaften sind aber unter Umständen für weitergehende Analysen von Bedeutung.

A.1.1 Universalität

In Abschnitt 3.3 wurde gezeigt, wie sich neuromorphe Hardwaresysteme und Netzmodelle mit dem erweiterten Graphen beschreiben lassen. Nachfolgend wird anhand eines einfachen Denkmodells nachgewiesen, dass sich beliebige Verbindungsstrukturen durch einen erweiterten Graphen abbilden lassen. Dies soll im Folgenden an Hand eines einfachen Denkmodells gezeigt werden. Als Voraussetzung dafür wird eine Verbindungsstruktur als eine Menge von Netzwerken (das heißt gerichteten Graphen) mit einer maximalen Anzahl an N Neuronen aufgefasst. Jedes dieser K Netzwerke lässt sich damit durch Weglassen von Kanten aus einem vollvernetzten Netzwerk mit N Neuronen und N^2 Kanten erzeugen. Um die gesamte Verbindungsstruktur abzubilden, muss nun genau eines dieser Netzwerke ausgewählt werden können. Daraus folgt der in Abbildung A.1 dargestellte erweiterte Graph. Dieser stellt N Neuronen mit jeweils N Synapsen bereit, um ein vollvernetztes Netzwerk abbilden zu können. Das davorgeschaltete P-Element hat die Gruppengröße N^2 und nur eine Ausgangsgruppe (das heißt N^2 Ausgänge), die auf die Synapsenelemente verteilt sind. Jede der Eingangsgruppen repräsentiert eines der K Netzwerke der Verbindungsstruktur. Jedes dieser Netzwerke wird durch Verbinden der Neuronenausgänge mit den Eingängen der jeweiligen Eingangsgruppe realisiert. Nicht verbundene Eingänge stellen dabei die weggelassenen Kanten im Denkmodell dar. Mit einer solchen Struktur lassen sich damit beliebige Verbindungsstrukturen abbilden.

Sind den Netzwerken der Verbindungsstruktur Auftretenswahrscheinlichkeiten zugeordnet, lassen sich auch diese mit dem obigen Denkmodell nachbilden. Dazu dient die in Abschnitt 3.3.2 näher erläuterte Annahme, dass alle möglichen Zuordnungen eines P-Elementes gleichwahrscheinlich sind. Damit hat jedes der K Netzwerke in Abbildung A.1 die gleiche Auftretenswahrscheinlichkeit $1/K$. Durch Anlegen eines Netzwerks an mehrere Eingangsgruppen des P-Elements und damit verbundene Vermehrung der Eingangsgruppen lassen sich auch unterschiedliche Auftretenswahrscheinlichkeiten abbilden. Die Wahrscheinlichkeitswerte sind dabei beliebig genau im Bereich der rationalen Zahlen approximierbar.

Der in Abbildung A.1 dargestellte erweiterte Graph demonstriert die Universalität dieses Beschreibungsmittels. Allerdings ist er für eine praktische Anwendung nicht geeignet, weil er alle in einer Verbindungsstruktur enthaltenen Netzwerke einzeln abbildet. Da deren An-

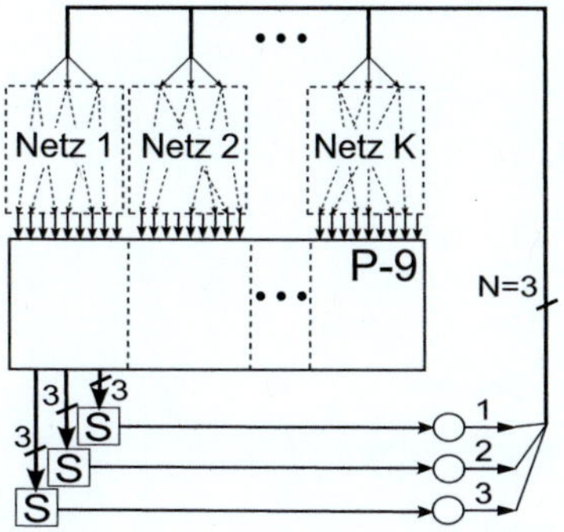

Abbildung A.1: Denkmodell für die Universalität des erweiterten Graphen, hier für Netzwerke bis $N = 3$ Neuronen.

zahl für typischen Verbindungsstrukturen im Allgemeinen relativ groß ist (maximal 2^{N^2}), entsteht eine kaum handhabbare Beschreibung. Damit bleibt das eingeführte Denkmodell ein ähnlich theoretisches Konstrukt wie das Konzept der Turing-Maschine für digitale Systeme [154]. Im Gegensatz dazu lassen sich die in dieser Arbeit untersuchten Netzmodelle und Hardwaresysteme mit erweiterten Graphen relativ kompakt beschreiben, wie die Betrachtungen in Abschnitt 3.3.3 und in den Kapiteln 4 und 5 zeigen.

A.1.2 Schleifen

Ein erweiterter Graph enthält im Allgemeinen Schleifen, schon deshalb weil Neuronen normalerweise mit sich selbst verbunden werden können. Bei der Analyse wird ein erweiterter Graph jedoch an den Neuronen aufgetrennt (siehe Abschnitt 3.3.2), so dass Schleifen über Neuronen entfallen. Weist der aufgetrennte erweiterte Graph keine Schleifen auf, wird er im Folgenden als schleifenfrei bezeichnet. Einige der in Abschnitt 3.3.2 entwickelten Analysealgorithmen iterieren über den erweiterten Graphen und brechen nur sicher ab, wenn dieser schleifenfrei ist. Auch die im folgenden Absatz entwickelte Umwandlung in eine kanonische Form kann bei Existenz von Schleifen unmöglich werden. Das oben eingeführte Denkmodell für einen universellen erweiterten Graphen zeigt jedoch, dass sich ein beliebiges Netzmodell als schleifenfreier erweiterter Graph darstellen lässt. Allerdings gibt es bislang keine Methode, Schleifen in einem erweiterten Graphen durch Transformationsregeln zu eliminieren. Für die in dieser Arbeit untersuchten erweiterten Graphen spielen Schleifen keine Rolle.

A.1.3 Transformationsregeln

Eine weitere Eigenschaft des erweiterten Graphen ist, dass er sich in eine Art kanonische Form bringen lässt. Dazu können einfache Transformationsregeln verwendet werden, die die durch den erweiterten Graphen beschriebene Verbindungsstruktur nicht ändern (Äquivalenztransformation):

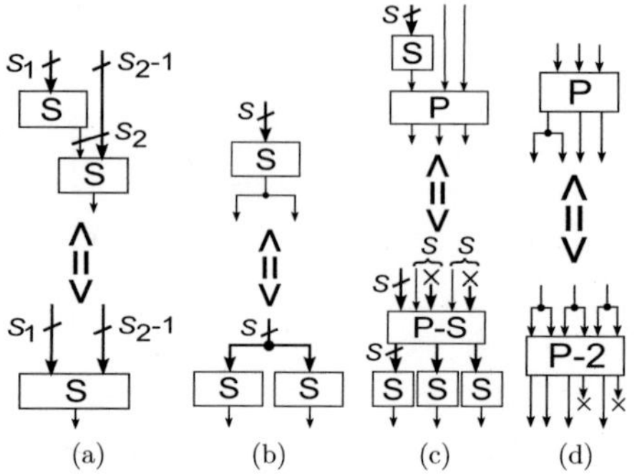

Abbildung A.2: Äquivalenztransformationen von Elementen des erweiterten Graphen: (a) Zusammenfassen von Synapsenelementen; (b) Vertauschen von Verzweigung und Synapsenelement; (c) Vertauschen von Synapsen- und P-Element; (d) Vertauschen von Verzweigung und P-Element.

- Zwei miteinander verbundene Synapsenelemente mit S_1 und S_2 Eingängen können zu einem einzelnen Synapsenelement mit $S_1 + S_2 - 1$ Eingängen zusammengefasst werden (siehe Abbildung A.2a).

- Eine Verzweigung am Ausgang eines Synapsenelements kann an dessen Eingänge verschoben werden, indem das Synapsenelement vervielfacht und jeder Eingang an alle neu geschaffenen Synapsenelement verzweigt wird (siehe Abbildung A.2b).

- Ein Synapsenelement mit S Eingängen lässt sich hinter ein P-Element verschieben, indem die Gruppengröße des P-Elements um den Faktor S vergrößert und an jeden Ausgang des ursprünglichen P-Elements ein Synapsenelement mit S Eingängen gesetzt wird, wie es in Abbildung A.2c dargestellt ist.

- Eine Verzweigung an einem der Ausgänge eines P-Elements lässt sich an dessen Eingänge verschieben, indem die Gruppengröße des P-Elements verdoppelt und alle Eingänge des ursprünglichen P-Elements an zwei Eingänge des modifizierten P-Elements verzweigt werden, wie es Abbildung A.2d zeigt.

Mit diesen Äquivalenztransformationen lassen sich alle Synapsenelemente so verschieben, dass sie an den Eingang eines Neurons angeschlossen sind. Gleichzeitig können alle Verzweigungen so verschoben werden, dass sie nur noch am Ausgang von Neuronen auftreten. Zwischen den Verzweigungen und den Synapsenelementen befindet sich dann eine (verzweigungsfreie) Zusammenschaltung von P-Elementen, die die gesamte Verbindungsstruktur charakterisiert. Hinreichende Voraussetzung für die erfolgreiche Umwandlung ist die Schleifenfreiheit des aufgetrennten erweiterten Graphen.

Die entstehende Struktur kann als eine Art *kanonische Form* des erweiterten Graphen angesehen werden. Eine solche Form vereinfacht die Analyse, da nur noch eine Zusammenschaltung von P-Elementen untersucht werden muss. Allerdings vervielfacht jede Transformation eines P-Elementes seine Größe, so dass die entstehende Struktur aufgebläht wird, was ihre Charakterisierung unter Umständen erschwert. Deshalb setzen die in Abschnitt 3.3 eingeführten Analysemethoden keine kanonische Form des erweiterten Graphen voraus. Es ist aber denkbar, dass zukünftig entwickelte Algorithmen auf dem erweiterten Graphen eine solche Form benötigen.